农业实用技术类

小麦常见病虫害防治

主编　赖军臣　王惠卿　肖春华
主审　李军建

中国劳动社会保障出版社

图书在版编目（CIP）数据

小麦常见病虫害防治/赖军臣，王惠卿，肖春华编著．—北京：中国劳动社会保障出版社，2011

农业实用技术类

ISBN 978－7－5045－9058－9

Ⅰ．①小…　Ⅱ．①赖…②王…③肖…　Ⅲ．①小麦-病虫害防治　Ⅳ．①S435.12

中国版本图书馆 CIP 数据核字（2011）第 102969 号

中国劳动社会保障出版社出版发行

（北京市惠新东街 1 号　邮政编码：100029）

出 版 人：张梦欣

*

北京隆昌伟业印刷有限公司印刷装订　新华书店经销

850 毫米×1168 毫米　32 开本　4 印张　92 千字

2011 年 6 月第 1 版　2012 年 9 月第 2 次印刷

定价：8.00 元

读者服务部电话：010－64929211/64921644/84643933

发行部电话：010－64961894

出版社网址：http://www.class.com.cn

内容简介

本书是农业实用技术丛书中的一种，全书内容分为三篇：基础篇主要以问题的形式，介绍了小麦病虫害防治中的基本常识、基本技术；病害防治篇介绍了小麦成长过程中常见的23种病害的症状及防治方法与措施；虫害防治篇介绍了常见的对小麦造成侵害的14种害虫的识别、为害症状、防治方法与措施。

本书可为小麦种植者提供较全面的常见病虫害防治技术指导，便于查阅，也可供相关农业技术人员参考。

目 录

基础篇

病害防治篇

虫害防治篇

基础篇

1. 农药根据用途可分为哪几类?

（1）杀虫剂。是用来防治有害昆虫的化学物质。

（2）杀螨剂。是用来防治蜘蛛纲中有害种类的化学物质。

（3）杀菌剂。是用来防治植物病原微生物的化学物质。

（4）除草剂。是用来防除农田杂草的化学物质。

（5）植物生长调节剂。是用来促进或抑制农林作物生长发育的化学物质。

（6）杀线虫剂。是用来防治植物病原线虫的化学物质。

（7）杀鼠剂。是用来防治害鼠的化学物质。

2. 农药根据作用方式可分为哪几类?

（1）杀虫、杀螨剂

1）触杀剂。药剂接触害虫，通过昆虫的体壁及气门进入害虫体内，使之中毒死亡。其中有的单纯具有触杀作用，如柴油乳剂和松脂合剂。但是，多数具有触杀作用的有机合成农药都兼有胃毒作用，如硫丹（塞丹）、敌百虫、氯氟氰菊酯（功夫菊酯）、高效氯氰菊酯等。

2）胃毒剂。药剂通过昆虫取食而进入其消化系统，使之中毒死亡。这类农药对具有咀嚼和舔吸式口器的昆虫非常有效，其中有的单纯具胃毒作用，如砷酸钙等，对具刺吸式口器的昆虫无效。但是，多数具胃毒作用的有机合成农药也都兼有触杀作用。

3）内吸剂。药剂通过植物的茎、叶、根和种子进入植物体内，并在植物体内传导扩散，使取食植物的害虫中毒死亡，如乐果、氧化乐果、甲拌磷、克百威（呋喃丹）等。这类农药对刺吸式口器的昆虫及地下害虫等有效。

4）熏蒸剂。药剂能够化为有毒气体，通过呼吸系统进入昆虫体内，使之中毒死亡，如三氯硝基甲烷（氯化苦）、敌敌畏、磷化铝等。使用这类药剂要求有密闭的条件，不使有毒气体从仓库、温室、大棚等四壁或门窗的缝隙中逸出。在大田使用时，在无风条件下才能收到较好的效果。

5）拒食剂。药剂被害虫取食后，破坏害虫的正常生理功能，消除其食欲，使其死于饥饿，如杀虫脒和拒食胺等。这类药剂对多种具咀嚼式口器的害虫非常有效。

6）引诱剂。药剂以微量的气态分子将害虫引诱于一处，从而集中杀灭。这类药剂又分食物诱剂、性诱剂和产卵诱剂 3 种，其中研究最多的是性诱剂，如棉铃虫性诱剂、小菜蛾性诱剂等。

7）不育剂。药剂进入害虫体内后可直接干扰或破坏害虫的生殖系统，使性细胞不能形成，或性细胞不能结合，或受精卵和胚胎不能正常发育。这类药剂又分雄性不育、雌性不育和两性不育 3 种，如绝育磷、六磷胺等。

8）昆虫生长调节剂。药剂阻碍害虫的正常生理功能，阻止正常发育，使幼虫不能变蛹，或蛹不能变为成虫，形成没有生命力或不能繁殖的畸形个体，如灭幼脲等。这类药剂生物活性高、毒性低、无残留，具有明显的选择性，对人畜和其他有益生物安全，但杀虫作用缓慢，残效期也较短，如氟铃脲、虱螨脲（美除）等。

（2）杀菌剂

1）保护剂。在植物发病前，将药剂均匀覆盖在植物体表，消灭病菌或防止病菌入侵，保护植物免受病菌危害，预防病菌发生与传播。这类药剂必须在植物发病前施用，一旦病菌侵入植物体内再施用，则效果很差，甚至无效。目前使用较多的有波尔多液、五氯硝基苯、石硫合剂、克菌丹、百菌清、敌克松、代森锌、代森铵、代森锰锌等。

2）治疗剂。植物发病后施用。这类药剂通过内吸作用进入植物体内，传导至未施药的部位，对植物体内的病菌产生毒性，抑制或杀灭病菌，因而具有保护剂达不到的治疗效果。如苯菌灵（苯来特）、多菌灵、甲基硫菌灵（甲基托布津）、三环唑和三唑酮（粉锈宁）等。内吸治疗剂从20世纪60年代后期才开始出现，现已广泛应用，使植物病害的化学防治面貌大为改观。

（3）除草剂

1）选择性除草剂。这类除草剂对不同植物有选择性，能杀死某些特定植物，而对另一些植物安全无害。如精氟吡禾灵（高效盖草能）可杀大多数禾本科杂草，但不杀双子叶作物。精噁唑禾草灵（骠马）可杀稗草、野燕麦等杂草，但对小麦无害。

2）灭生性除草剂。这类除草剂对植物缺乏选择性，或选择性小，能杀死绝大多数绿色植物，如百草枯（克无踪）和草甘膦等。

3. 农药有哪些常见剂型？

（1）粉剂（DP）。粉剂是由原药和惰性粉按一定比例混合，经过机械粉碎、研磨、混匀而成。有时还加入少量的附着剂、物理改良剂和抗分解剂等助剂。在质量上，粉剂必须保证一定的颗粒细度，要求95%的粉粒能通过200号筛目，粉粒直径在30微米以下。在储藏期间有效成分不分解失效，不结块变质。喷撒时有良好的流动性和分散性，有效成分和填充用的惰性粉不致分离。低浓度粉剂可直接用于田间喷撒，高浓度粉剂则需要通过填料稀释后才能施用，但可直接用于种子处理。

粉剂的优点是施药简易方便，既可用简单的药械撒布，也可混土用手撒施。施药前不需要进行其他处理，不需用水，因而不受水源的限制。用途广泛，可以喷粉防治地面上的病虫害，也可以撒施处理土壤，防治地下害虫，还可用于拌种，制成毒饵等。其缺点是喷粉时易飘失，污染周围环境，不易附着于植物体表，用量多。防治果树等高大作物的病虫害，一般不能获得良好的效果。

（2）可湿性粉剂（WP）。可湿性粉剂是由原药与惰性粉和少量湿润剂按一定比例混合，经过机械粉碎、研磨、混匀而成，是专供加水调制成悬浮液用的。在质量上可湿性粉剂必须具备一定的粉粒细度，要求 99.5% 的粉粒能通过 200 号筛目，粉粒直径在 25 微米以下，被水润湿的时间要短，在水中的悬浮率要高。

可湿性粉剂的优点是喷洒的雾滴比较细，在植物体表上容易湿润展布，黏附力较强，施药时受风力的影响不大。防治效果比同一种农药的粉剂高。残效期较长，便于储运。其缺点是要求湿润剂质量要好，粉粒细度要求高，否则悬浮性差，容易在喷雾器中沉淀，喷洒不匀，可造成局部性药害，还会堵塞喷头。

（3）可溶性粉剂（SP）。可溶性粉剂是在可湿性粉剂基础上发展起来的一种农药剂型，其农药原药必须溶于水或在水中溶解度较大，制剂中载体或填料也最好溶于水（允许有少许不溶于水但与水亲和性较好、细度较高的填料），在形态和加工上与可湿性粉剂类似。

（4）乳油（EC）。乳油是由原药、有机溶剂、助溶剂和乳化剂等按一定比例互溶而成。在质量上，乳油要求 pH 值为 6~8，稳定度在 99.5% 以上，在正常条件下储藏不分层，不沉淀。

乳油的优点是加工方法比较简单，有效成分含量一般很高，约在50%以上，有的甚至达80%左右。喷洒时极易在植物体表上湿润展布，而且黏附力强，不易被雨水冲刷掉。防治效果好，残效期长，使用方便，用途较广，可喷雾、泼浇、涂抹、灌心叶、拌种、浸种和处理土壤。缺点是要用有机溶剂和优良的乳化剂配制，成本较高。有机溶剂有促进农药渗入动植物体内的作用，使用不慎，容易发生药害和人畜中毒事故。

（5）水剂（AS）。水剂是利用某些原药能溶解于水的特性，直接用水配制而成。其优点是加工方便，成本较低，但不易在植物体表湿润展布，黏着性差，含有大量水分，长期储藏易分解失效。

（6）水乳剂（EW）。水乳剂也称作浓乳剂，是不溶于水的农药原药液体或农药原药溶于有机溶剂所得的液体。实际应用中为水包油型不透明乳状液，分散油珠粒径通常为0.7～20微米，比较理想的是1.5～3.5微米。

水乳剂是部分替代乳油中的有机溶剂而发展起来的一种水基化农药剂型。与乳油相比，减少了制剂中有机溶剂用量，使用较少或接近乳油用量的表面活性剂，提高了生产与储运安全性，降低了使用毒性和环境污染风险，是目前我国大力提倡发展的农药剂型。

（7）微乳剂（ME）。微乳剂是借助表面活性剂的增溶作用，将液体或固体农药均匀分散在水中形成的透明或半透明的分散体系，微观结构是由表面活性剂界面膜所稳定溶解的一种或两种液体的微细液滴（10～100纳米）构成。

微乳剂分散液滴的粒径比水乳剂小得多，可见光几乎可完全通过，所以我们看到的微乳剂外观几乎是透明的真溶液。农药微乳剂比水乳剂分散度高得多，可与水以任何比例混合，而且所配制的药液也近乎真溶液。这并不代表其药效会比乳油或水乳剂所配制的白色浓乳状药液差，反而由于有效成分在药液中高度分散，提高了施用后的渗透性，从而提高了药效。否则，如果微乳剂加水稀释配制的药液为白色乳浊液，则说明这种微乳剂质量不合格。

（8）颗粒剂（GR）。颗粒剂是用原药、辅助剂和载体制成的粒状制剂，可分为遇水能分散的解体性颗粒剂和遇水不分散的非解体性颗粒剂两种。在质量上要求有一定的硬度，在储运过程中不易破碎。其优点是在施用过程中沉降性好，飘移性小，对环境污染轻，对作物和有益生物无害。可控制农药释放速度，残效期长，施用方便，省工省时。同时，能使高毒农药低毒化，对施药人员安全。因此，近十余年来，发展极为迅速。

（9）悬浮剂（SC）。悬浮剂是原药与载体和分散剂混合，在水或油中经多次磨碎而成，微粒直径 0.1 ~ 1 微米，微粒四周包围着分散剂，可被水湿润，加水稀释后悬浮性好，可供喷雾用。

农药剂型除上述 9 种外，还有烟剂、糊剂、膏剂、片剂、油剂、熏蒸剂、缓释剂、微胶囊剂等，因不常用，故略而不述。

4. 什么是农药的通用名称、商品名称和别名？

（1）农药通用名称。农药通用名称是指农药产品中起作用的有效成分名称。我国使用中文通用名称和英文通用名称。中文通用名称是在中国范围内通用，英文通用名称是在全世界范围内通用。农药通用名称的命名是标准化机构组织专家制定的，并以强制性标准发布施行。

我国国家标准《农药中文通用名称》（GB 4839—2009）于 2009 年 4 月 27 日发布，并于 2009 年 11 月 1 日实施。标准中规定了国内外常用农药的中文通用名称，并作了英文名称对照。

（2）农药商品名称（品牌名）。农药商品名称是指在市场上用以识别或称呼某一农药产品的词或词组，是农药生产企业给自己的产品注册的商品名称（品牌名）。农药商品名称是由生产厂商自己确定，经农业部农药检定所核准后，由生产厂独家使用。在一个农药有效成分通用名称下，由于生产厂家的不同，可有多个商品名称。如以氰戊菊酯（通用名称）为有效成分的乳油产品，商品名称有速灭杀丁、杀灭菊酯等；以吡虫啉（通用名称）为有效成分的可湿性粉剂，其商品名称有一遍净、大功臣、蚜虱净、四季红、蚜虫灵、虱蚜丹、绿色通、大丰收、乐山奇、蚜克西、快杀虱、必林等。为了加强农药商品名称的管理，从2008年1月8日起，农业部不再批准农药商品名称，2008年7月1日起生产的农药产品一律不得使用商品名称。

（3）农药别名。农药别名是由于一定的历史原因造成某农药曾在一段时间使用过一个名称，后又统一改为现今的通用名称。那个曾使用一段时间、人们已习惯的名称即称为别名。例如，对硫磷是通用名称，“1605”为别名，甲拌磷的别名为“3911”等。别名一般不会单独出现在农药标签或说明书上。

5. 什么是农药的有效期?

农药的有效期是药品保证防治效果的基本期限，即产品质量保证的期限，以有效日期或失效日期表示。一般杀虫剂有效期为2年，杀菌剂为2年或3年，最多不超过3年。

6. 农药的毒性分几级?

农药毒性分为剧毒、高毒、中等毒、低毒、微毒五个级别，分别用“”标识和“剧毒”字样、“”标识和“高毒”字样、“”标识和“中等毒”字样、“”标识、“微毒”字样标注。标识应当为黑色，描述文字应当为红色。

由剧毒、高毒农药原药加工的制剂产品，其毒性级别与原药的最高毒性级别不一致时，应当同时以括号标明其所使用的原药的最高毒性级别。

7. 农药的颜色标志带分几类？

在农药标签的底部有一条或两条与底边平行的、不褪色的特征颜色标志带，并镶嵌有相应的描述文字（其颜色与标志带形成明显反差），表示农药的不同类别。绿色带并镶嵌“除草剂”字样，表示除草剂；红色带并镶嵌“杀虫（螨、软体动物）剂”字样，表示杀虫（螨、软体动物）剂；黑色带并镶嵌“杀菌（线虫）剂”字样，表示杀菌（线虫）剂；深黄色带并镶嵌“植物生长调节剂”字样，表示植物生长调节剂；蓝色带并镶嵌“杀鼠剂”字样，表示杀鼠剂；红色和黑色带并分别镶嵌“杀虫剂/杀菌剂”或“杀虫剂/杀线虫剂”字样，表示杀虫剂/杀菌剂或杀虫剂/杀线虫剂。

8. 如何正确识别农药？

（1）农药必须要有“三证”，即登记证、批准证、生产许可证或标准证。

（2）有明显清晰色带标识。在说明书的下边，有不同的颜色，表示农药的类型。如红色表示杀虫剂，黑色表示杀菌剂，绿色表示除草剂，蓝色表示杀鼠剂，深黄色表示植物生长调节剂。认识色带就可把农药分到某一类，以便正确使用。

（3）有生产时间和有效期。在包装上常显示农药的生产时间和有效期。在瓶箱或标签上常印有6~8位阿拉伯数字，为农药生产批号，即生产时间和有效期代号。其中，第1、2位数字代表生产年，第3、4位数字代表生产月份，第5、6位数字代表生产日期，第7、8位数字代表有效年限。如01101102，表明这批产品是2001年10月11日生产的，有效期为两年。标识不全、不清晰的农药不要购买，超过使用有效期年限的农药也不要购买，特别是结块、有分层、有沉淀物的农药不能使用。

9. 如何正确保管和储存农药？

多数农药是有毒的，因此要由专人、专库、固定场所来保管农药。农户保管农药一定要放在小孩不易接触的场所，远离食物，同时要注意以下因素：

（1）农药放置地的温度。乳油类农药含大量的甲苯、二甲苯等有机溶剂，温度高则易挥发、燃烧，温度低则液体农药易发生结晶或沉淀，甚至冻裂玻璃瓶。

（2）农药放置地的湿度。空气中湿度太大，粉剂和可湿性粉剂农药易吸收水分，结团或结块，降低悬浮率，甚至发生分解，降低药效或变质。

（3）农药放置地的光照。光线照射也是造成农药变质减效的重要因素，农药采用棕色瓶包装就是为了减轻光照的影响。

（4）农药与化肥分开保管。化肥品种较多，有的在存放过程中会释放出酸性或碱性物质，影响农药质量。

10. 如何选择农药?

(1) 根据农药特性和用途选择农药。目前农药市场的产品种类很多,它们都有各自的作用范围和作用机理,适合在不同的对象上使用,以达到防治有害生物和调节作物生长的目的。为了便于使用和充分发挥农药的生物活性,它们被加工成不同的剂型,以适应在不同的条件及场合下使用。了解农药的基本种类和基本剂型的特性,是掌握农药使用技术的基础。

(2) 依据国家有关法规和要求选择农药。农药使用不当会带来严重的负面影响,给农业生产和人们的生活造成危害,为此,国际上都非常重视对农药使用的管理。我国农药管理和使用的相关部门也制定了一系列法规来规范农药的使用,在选择农药品种时,必须遵守这些法规。目前我国主要的农药法规有下列3种。

1)《农药安全使用规定》(以下简称《规定》)。原农牧渔业部和卫生部于1982年颁布,至今仍然具有重要的指导意义。在购买和使用农药时,要了解该规定的要求,避免在相应的作物和范围内错误地使用农药。《规定》要求,所有使用的农药,凡已制定农药安全使用标准(即合理使用准则)的,均按标准的要求执行。尚未制定出标准的,则按《规定》执行。

《规定》对农药的选择和使用做出了规定,例如:

高毒农药不准用于蔬菜、茶叶、果树、中药材等作物,不准用于防治卫生害虫与人畜皮肤病。除杀鼠剂外,也不准用于毒鼠。

"甲拌磷"乳油只准用于拌种,严禁喷雾使用。克百威(呋喃丹)颗粒剂只准用于拌种,用工具沟施或戴手套撒毒土,不准浸水后喷雾。

高残留农药不准在果树、蔬菜、茶树、中药材、烟草、咖啡、胡椒、香茅等作物上使用。

2）《农药合理使用准则》（以下简称《准则》）。该《准则》是由农业部负责制定，国家颁布的农药使用标准。它对每一种作物上所用农药的使用量、使用次数、安全间隔期等做了明确的规定，按照《准则》使用农药，可以保证收获后的农产品中农药的残留量不超标。在选择使用农药时，最好根据《准则》中的名单来决定何种作物选用什么农药。到2009年底，我国已经制定了9批农药合理使用准则，但由于作物品种和农药产品众多，制定的《准则》仍远不能适应生产的需要。

《农药合理使用准则》可以到中国农业信息网（http：//www. agri. gov. cn/）下载。

3）《农药登记公告》（以下简称《公告》）。该《公告》是由农业部农药检定所发布的获得农药登记的所有农药产品的公告。每一种农药的生产厂家、商品名称、毒性、许可的范围和时间、许可使用的作物、使用剂量、使用时间和使用注意事项都在《公告》中列出。基本上涵盖了农药标签的主要内容，是选择、使用农药时的重要参考资料。

（3）假劣农药的识别。常见假冒、伪劣农药的主要特征：

1）有效成分含量不足，降低含量，以少充多。

2）有效成分质量差，如含有某些杂质，不但会影响药效，有时还会造成药害。

3）根本没有标签上所规定的有效成分。

4）农药中实际含有的有效成分并不是标签上所注明的成分，即用价格低的农药冒充价格高的农药。

5）农药过期失效。

6）制剂加工水平低，没有达到标签上所注明的剂型要求。

11. 如何识别假劣农药？

假劣农药的危害十分严重，它使用药者浪费了资金、人力，更会导致防治效果不好，农作物的病虫害得不到有效控制，严重时则导致作物药害，对生产造成严重破坏。因此，避免购进假劣农药，是保证农业生产顺利进行的前提之一。假劣农药的辨识可从以下几个方面进行。

（1）外观。看包装标签和内容物。

1）外包装。印刷质量不良或粘贴不好，包装物污渍严重。

2）内容物。乳油、超低量乳油和水剂、可溶液剂、微乳剂等混浊不清，有分层和沉淀的杂质；水乳剂、悬浮剂等严重分层，轻摇后倒置，底部仍有大量的沉淀物或结块；粉剂和可湿性粉剂结块严重，手摸有硬块；片状熏蒸剂粉末化；烟剂受潮严重等。

（2）标签。仔细阅读标签，查阅《农药登记公告》，看标签上的登记证号与公告里的是否相同，厂家是否为同一个厂家，登记的使用作物和使用剂量是否和标签所标明的一样；仔细观察农药的生产厂家和地址，对照电话区号本，确认联系电话的区号是否为厂家地址的区号，按照标签所标明的电话打电话核实。

（3）试验。将少量农药取出，用量筒等玻璃器皿进行稀释试验，观察试验的结果。如果乳油出现浮油、分层等，则认为乳化效果不良；如果水剂、可溶液剂、微乳剂等短时间内不能完全溶于水，则表明剂型不合格；如果可湿性粉剂、水分散粒剂、悬浮剂等出现过快沉淀，则证明悬浮剂的悬浮率过低，产品不合格；气雾罐揿下时喷雾力小，证明气压不足；烟剂点燃后很快熄灭，证明发烟效果不良。

（4）化验。根据农药检验的有关要求，对农药的有效成分进行化验。

12. 购买农药有哪些技巧?

（1）根据作物的病虫草害发生情况，确定农药的购买产品，对于自己不认识的病虫草害，最好先向农技人员咨询或携带样本到农药零售店咨询。

（2）仔细阅读标签，对照标签的11项基本要求进行辨别，最好查阅《农药登记公告》进行对照。

（3）选择可靠的销售商，一般生产资料系统、植保和技术推广系统以及厂家直销门市部的产品比较可靠，鼠药和高毒农药的销售，在部分地区需要有专销许可证。

（4）选择熟悉的农药生产厂家的产品，新产品应该在当地通过试验，证明是可行的。

（5）对于大多数病虫草害，不要总是购买含同一种有效成分的药剂，应该轮换购买不同的产品。

（6）要求农药销售者提供农药的处方单，购买农药时应索要发票，使用时或使用后如发现为假劣农药，应该保留包装物；出现药害，应该保留现场或拍下照片，并及时向农业行政主管部门或法律、行政法规规定的有关执法部门反映，以便及时查处。

13. 怎样看懂技术资料和书籍上的农药剂型符号及计量单位符号?

在现代书籍和技术资料中，常用一些字母符号表示农药剂型、质量单位、长度单位等。它们的符号及代表的含义举例如下

（破折号左侧的是符号，右侧的注释为其含义）：

（1）农药剂型符号及含义：

TC——原药	TK——母药
DS——种子处理干粉剂	FS——种子处理悬浮剂
SD——种衣剂	WS——种子处理可分散粉剂
AS——水剂（水溶剂）	CS——微囊悬浮剂
DC——可分散液剂	EC——乳油
WG——水分散粒剂	EW——水乳剂
DP——粉剂	WP——可湿性粉剂
ME——微乳剂	SP——可溶粉剂
WT——可分散片剂	OL——油剂
SC——悬浮剂	SO——展膜油剂
DF——干悬浮剂	SE——悬乳剂
ULV——超低容量剂	FG——细粒剂
SL——可溶液剂	CG——微囊粒剂
GR——颗粒剂	AE——气雾剂
FU——烟剂	RB——饵剂
BF——块剂	MP——防蛀剂
TB——片剂	BR——缓释剂
PN——涂抹剂	VP——熏蒸剂
GG——大粒剂	MG——微粒剂
SG——可溶粒剂	

（2）计量单位符号及含义：

m^2——平方米	hm^2——公顷	km——千米
km^2——平方千米	m^3——立方米	L——升
m——米	mL——毫升	t——吨
cm——厘米	μL——微升	kg——千克（公斤）
mm——毫米	℃——摄氏度	g—克

μm—微米	J—焦（耳）	mg —毫克
°—度（角度）	W—瓦（特）	d—天
′—分（角度）	A—安（培）	h—小时
″—秒（角度）	V—伏（特）	min—分
Pa—帕（斯卡，气压单位）		s—秒
Lx—勒（克斯，光照强度单位）		

14. 如何正确使用手动喷雾器？

手动喷雾器是用手动方式产生压力来喷洒药液的施药机具，具有使用操作方便、适应性广等特点。可用于水田、旱地及丘陵山区，防治水稻、小麦、棉花、蔬菜和果树等作物的病虫草害，也可用于防治仓储害虫和卫生防疫。通过改变喷头孔径大小，手动喷雾器既可作常量喷雾，也可作低量喷雾。目前，我国生产的手动喷雾器主要有背负式喷雾器（见图 1）、压缩喷雾器、单管喷雾器、吹雾器和踏板式喷雾器等。

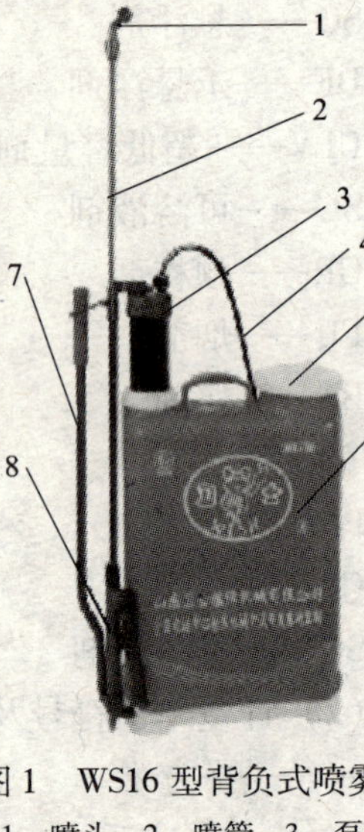

图 1　WS16 型背负式喷雾器

1—喷头　2—喷管　3—泵筒

4—导液管　5—药箱盖　6—药箱

7—压力杆　8—开关

（1）施药前的准备

测试气象条件，进行低量喷雾时，风速应在 1 ~2 米/秒；进行常量喷雾时，风速应小于 3 米/秒；当风速≥4 米/秒时，不可进行农药喷洒作业。

降雨和气温超过32℃时也不允许喷洒农药。

（2）机具的调整

1）背负式喷雾器装药前，应在喷雾器皮碗及摇杆转轴处，气室内置的喷雾器应在滑套及活塞处涂上适量的润滑油，并检查摇杆各连接处是否牢固可靠。

2）压缩喷雾器使用前应检查并保证安全阀的阀芯运动灵活，排气孔畅通。

3）根据操作者身材，调节好背带长度。

4）药箱内装上适量清水并以每分钟10～25次的频率摇动摇杆，检查各密封处有无渗漏现象、喷头处雾型是否正常。

5）根据不同的作业要求，选择合适的喷射部件。

①喷除草剂、植物生长调节剂用扇形雾喷头，喷杀虫剂、杀菌剂用空心圆锥雾喷头。

②单喷头适用于作物生长前期或中后期进行各种定向针对性喷雾、飘移性喷雾。

③双喷头适用于作物中后期株顶定向喷雾。

④横杆式三喷头、四喷头适用于蔬菜、花卉及水、旱田进行株顶定向喷雾。

（3）施药中的技术要求

1）作业前先配制好农药。向药液桶内加注药液前，一定要将开关关闭，以免药液漏出，加注药液要用滤网过滤。药液不要超过桶壁上标示的水位线位置。加注药液后，必须盖紧桶盖，以免作业时药液漏出。

2）背负式喷雾器作业时，应先压动摇杆数次，使气室内的气压达到工作压力后再打开开关，边走边打气边喷雾。如压动摇杆感到沉重，就不能过分用力，以免气室爆炸。对于工农－16型喷雾器，一般走2～3步，摇杆上下压动1次，每分钟压动摇杆 18 ~25 次即可。

3）作业时，空气室中的药液超过安全水位时，应立即停止压动摇杆，以免气室爆裂。

4）压缩喷雾器作业时，加药液不能超过规定的水位线，保证有足够的空间储存压缩空气，以便使喷雾压力稳定、均匀。

5）没有安全阀的压缩喷雾器，一定要按产品使用说明书上规定的打气次数打气（一般 30 ~40 次），禁止加长杠杆打气和两人合力打气，以免药液桶超压爆裂。压缩喷雾器使用过程中，药箱内压力会不断下降，当喷头雾化质量下降时，要暂停喷雾，重新打气充压，以保证良好的雾化质量。

6）针对不同的作物、病虫草害和农药选用正确的施药方法。

①土壤处理喷洒除草剂要求易于飘失的小雾滴少，以避免除草剂雾滴飘移引起作物药害；药剂在田间沉积分布均匀，以保证防治效果，避免局部地区药量过大造成除草剂药害。因此，应采用扇形雾喷头，操作时喷头离地高度、行走速度和路线应保持一致，也可用安装双喷头、三喷头的小喷杆喷雾。

②当用手动喷雾器喷雾防治作物病虫害时，最好选用小孔径喷头。这是因为小孔径喷头产生的农药雾滴比大孔径喷头的雾滴细，防治效果好。切不可用钉子人为把喷头孔冲大。

③使用手动喷雾器喷洒触杀性杀虫剂防治栖息在作物叶背的害虫（如棉花苗蚜）时，应把喷头朝上，采用叶背定向喷雾法喷雾。

④使用喷雾器喷洒保护性杀菌剂时，应在植物被病原菌侵染前或侵染初期施药，要求雾滴在植物靶标上沉积分布均匀，并有一定的雾滴覆盖密度。

⑤使用手动喷雾器行间喷洒除草剂时，一定要配置喷头防护罩，防止雾滴飘移造成邻近作物发生药害；喷洒时喷头高度保持

一致，力求药剂沉积分布均匀，不得重喷和漏喷。

⑥几架药械同时喷洒时，应采用梯形前进，下风侧的药械先喷，以免人体接触药液。

（4）背负式喷雾器常见故障的排除（见表1）

表1　背负式喷雾器常见故障的排除

故障现象	故障原因	排除方法
手压摇杆（手柄）感到不费力，喷雾压力不足，雾化不良	1. 进水阀被污物卡住 2. 牛皮碗干缩硬化或损坏 3. 连接部位未装密封圈或密封圈损坏 4. WS－16型吸水管脱落 5. WS－16型密封球失落	1. 拆下进水阀、清洗 2. 牛皮碗放在动物油或机油里浸软；更换新品 3. 加装或更换密封圈 4. 拧开胶管螺母、装好吸水管 5. 装好密封球
手压摇杆（手柄）时用力正常，但不能喷雾	1. 喷头堵塞 2. 套管或喷头滤网堵塞	1. 拆开清洗，注意不能用铁丝等硬物捅喷孔，以免扩大喷孔，使喷雾质量下降 2. 拆开清洗
泵盖处漏水	1. 药液加得过满，超过泵筒上的回水孔 2. 皮碗损坏	1. 倒出些药液，使液面低于水位线 2. 更换新皮碗
各连接处漏水	1. 螺纹连接件未旋紧 2. 密封圈损坏或未垫好 3. 直通开关芯表面油脂涂得少	1. 旋紧螺纹连接件 2. 垫好或更换密封圈 3. 在开关芯上薄薄地涂上一层油脂
直通开关拧不动	开关芯被农药腐蚀而粘住	拆下开关，在煤油或柴油中清洗；如拆不开，可将开关放在煤油中浸泡一段时间再拆

15. 如何正确使用手动喷粉器?

手动喷粉器是一种由人力驱动风机产生气流来喷撒粉剂的植保机具。它具有结构简单、操作方便、功效高等优点。但由于粉尘飘扬，污染环境，所以它只能在某些特定环境条件下使用才能既保证防效，又不至于造成明显污染，如在保护地和温室大棚等特定的封闭空间里使用。某些大田农作物，特别是双子叶作物如棉花的生长中后期，田间枝叶交叉，叶片大而呈平展状态，全田已经封垄，株冠下层是较为郁闭的空间时也可使用手动喷粉器。

（1）施药前的准备

1）施药的气象条件。保护地喷撒应在早晨尚未揭棚和傍晚刚刚闭棚时进行。为提高粉粒的附着率，晴天的中午应避免喷撒，阴雨天则可全天喷撒。

在野外对棉花、水稻、小麦及大豆等作物进行喷粉，也应避免在晴天的中午喷撒，气温在 5～30℃或阴天时可全天喷撒。风速大于 2 米/秒及小雨以上的风雨天气不得喷撒。

2）喷粉量的计算和调整

①测试区的划定。在需要喷药的田块、保护地，划出测试区，其长度精确到 0.1 米，测试区的长度根据前进速度、喷幅及喷粉量来确定，应保证无论使用哪种测试方法都能精确地计量时间（不少于 15 秒）和喷粉量（不少于药液箱容量的 10%），使喷撒面积是亩的整倍数有助于计算。

②喷粉量误差率按下式计算：

$$喷粉量误差率（\%）=\frac{实际喷粉量-预定喷粉量}{预定喷粉量}\times 100\%$$

③喷粉量的调整。计算的喷粉量误差率应在 ±10% 以内，如

误差率大于 ±10%，在作业时则应将喷粉器的喷粉量开关适当调整，并可调整作业速度或手柄摇转速度来满足规定的施药量。

3）机具的调整

①装粉前喷粉器各部位应干燥。

②装粉前先关闭出粉开关。

③按农艺要求的喷粉量调节好出粉开关位置(一般 200 克/分钟左右)。

④根据喷撒对象和栽培技术确定喷撒头种类。

(2)施药中的技术要求

1)喷粉量的确定应依据药粉标签或使用说明书的规定。

2)操作前先根据操作者身材调节好背带长度，操作时应先摇动手柄再打开粉门开关。

3）操作时手柄摇转的速度应确保喷口风速不小于 10 米/秒(丰收－5 型、LY－4 型不低于 35 转/分钟，3WI－12 型、丰收－10 型不低于 50 转/分钟)。

4）保护地喷撒粉剂的关键是采用对空喷撒法，利用粉剂的飘翔效应使其在靶标的不同部位均匀沉积。作业时切不可直接对着作物喷撒。对于不同的大棚温室，可采用不同的喷撒方法。

日光温室和加温温室，宽度一般在 6～7 米，其间有一过道，操作者应从里端开始对空喷撒，一边喷一边向门口移动，一直退到门口，把门关上。

塑料大棚宽度一般为 10～15 米，中间有一过道，操作时操作者从棚室里端开始喷粉，喷粉管左右匀速摆动对空喷粉，同时沿过道以 10～12 米/分钟的速度向后退行，一直退至出口处，把门关上即可。此时，如预定的粉剂还未喷完，可将大棚一侧的棚布揭开一条缝，从开口处将余粉喷入。如余粉过多，可分别从不同部位喷入。

对小型弓棚可采用棚外喷粉法，此类棚宽 2～5 米，棚高只有1米左右，棚内喷粉比较困难。操作者可在棚外每隔一定距离揭开一个小口向棚内喷粉，喷后将棚布拉上。

喷粉以后需经2小时以上才能揭棚，如果傍晚喷撒可到第二天早晨再揭。

5）在野外喷撒时应首先根据风向和作物栽培方式确定喷粉行走方向和路线。行走方向一般应与风向垂直或顺风前进。如果需要逆风前进，要把喷粉管移到人体后面或侧面喷撒，以免中毒。以每分钟60步左右的正常行走速度一边行走，一边以每2步（或每1步）摇转一次喷粉器操作手柄进行喷撒。

6）在棉花等双子叶作物的生长中后期喷粉时，宜采取株冠下层喷粉法。为避免喷粉时对棉株、棉铃造成机械损伤，应用立摇式手动喷粉器进行喷粉作业。喷粉头放在株冠层下面，操作者边摇动手柄边匀速退行，利用株冠层良好的郁闭控制粉尘飘扬。

7）喷撒中如药粉从喷头成堆落下或从桶身及出粉口开关处冒出，表明出粉开关开度过大，药粉进入风机过多，应立即关闭出粉开关，适当加快摇转手柄，让风机内的积粉喷出，然后再重新调整出粉开关的开度。

8）早晨露水未干时喷粉，应注意不让喷粉头沾上露水，以免阻碍出粉。

9）作业时注意两个工作幅宽之间不能留有间隙。

10）中途停止喷粉时，要先关闭出粉开关，再摇几下手柄，把风机内的药粉全部喷干净。

11）喷粉时，如有不正常的碰击声，手柄摇不动或特别沉重时，应立即停止摇转手柄，经检查修复后才能继续使用。

（3）机具保养

1）机具用完后，应将剩余药粉全部倒出，清理干净，并空摇几转清除风机内的残粉，以免药粉在喷粉器内受潮结块，堵塞通路，腐蚀机体。

2）长时间不用时，应由上至下给风机主轴加上适量的机油。

16. 如何正确使用背负式机动喷雾喷粉机？

（1）施药前的准备

1）施药的气象条件。作业时气温应在5～30℃。风速大于2米/秒及雨天、大雾或露水多时不得施药。大田作物进行超低量喷雾时，不能在晴天中午有上升气流时进行。

2）机具的调整

①检查各部件安装是否正确、牢固。

②新机具或维修后的机具，首先要排除缸体内封存的机油。排除方法：卸下火花塞，用左手拇指堵住火花塞孔，然后用起动绳拉几次，迫使气缸内机油从火花塞孔喷出，用干净布擦干火花塞孔腔及火花塞电极部分的机油。

③新机具或维修后更换过气缸垫、活塞环及曲柄连杆总成的发动机，使用前应当进行磨合。磨合后用汽油对发动机进行一次全面清洗。

④检查压缩比。用手转动起动轮，活塞靠近上死点时有一定的压力，越过上死点时，曲轴能很快地自动转过一个角度。

⑤检查火花塞跳火情况。使高压线端距曲轴箱体3～5毫米，再用手转动起动轮，检查有无火花出现，一般蓝火花为正常。

⑥汽油机转速的调整。机具经拆装或维修后，需重新调整汽油机转速。

油门为硬连接的汽油机：启动背负机，低速运转2～3分钟，逐渐提升油门操纵杆至上限位置。若转速过高，旋松油门拉杆上面的螺母，拧紧拉杆下面的螺母；若转速过低，则反向调整。

油门为软连接的汽油机：当油门操纵杆置于调量壳上端位置，汽油机仍达不到标定转速或超过标定转速时，应松开锁紧螺母，向下（或向上）旋调整螺母，则转速下降（或上升）。调整完毕，拧紧锁紧螺母。

⑦粉门的调整。当粉门操纵柄处于最低位置，粉门仍关不严，有漏粉现象时，应用手扳动粉门轴摇臂，使粉门挡粉板与粉门体内壁贴实，再调整粉门拉杆长度。

⑧根据作业（喷雾、喷粉、超低量喷雾）的需要，按照使用说明书上的步骤装上对应的喷射部件及附件。

3）作业参数的计算。背负机先在地面上按使用说明书的要求启动，低速运转 2 ~ 3 分钟，然后背上，用清水试喷，检查各处有无渗漏，并按规定的方法测出背负机的流量（Q）及有效射程（B），计算出行走速度（v）。

$$v=\frac{Q}{\text{单位面积施药液量}\times B}$$

（2）施药

1）低容量喷雾。喷雾机做低容量喷雾，宜采用针对性喷雾和飘移喷雾相结合的方式施药。总的来说是对着作物喷雾，但不可近距离对着某株作物喷雾。具体操作过程如下：

①机器启动前药液开关应停在半闭位置，调整油门开关使汽油机高速稳定运转，开启手把开关后，应立即按预定速度和路线前进，严禁停留在一处喷洒，以防引起药害。

②行走路线的确定。喷药时行走要匀速，不能忽快忽慢，防止重喷、漏喷。行走路线根据风向而定，走向应与风向垂直或成不小于 45°的夹角，操作者应在上风向，喷射口应在下风向。

③喷施时应采用侧向喷洒，即喷药人员背机前进时，手提喷管侧向喷洒，一个喷幅（喷幅是指喷雾器喷雾作业时的有效喷雾宽度）接一个喷幅，向上风方向移动，使喷幅之间相连接区

段的雾滴沉积有一定程度的重叠。操作时还应将喷口稍微向上仰起，离作物 20 ~ 30 厘米高，2 米左右远（见图 2）。

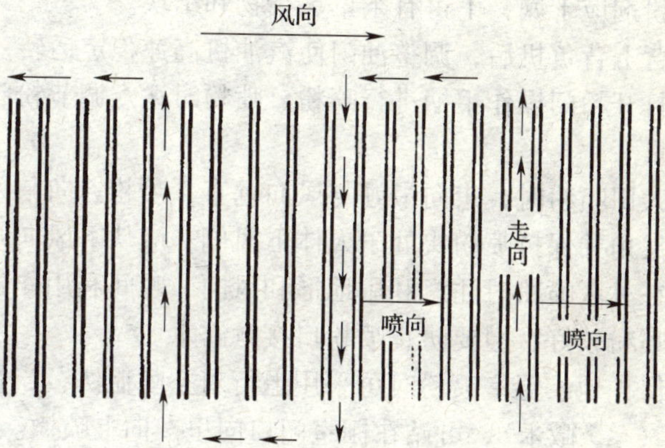

图 2　背负式机动喷雾机田间喷雾作业示意图

④当喷完第一喷幅时，先关闭药液开关，减小油门，向上风向移动，行至第二喷幅时再加大油门，打开药液开关继续喷药。

⑤防治棉花伏蚜，应根据棉花长势、结构，分别采取隔 2 行喷 3 行或隔 3 行喷 4 行的方式喷洒，这样有效喷幅为 2. 1 ~ 2. 8 米。喷洒时把弯管向下，对着棉株中上部喷，借助风机产生的风力把棉叶吹动。

⑥对灌木林丛（如低矮的茶树）喷药，可把喷管的弯管口朝下，防止雾滴向上飞散。

⑦对较高的果树和其他林木喷药，可把弯管口朝上，使喷管与地面保持 60° ~ 70°的夹角，利用田间有上升气流时喷洒。

⑧喷雾时雾滴直径约为 125 微米，不易观察到雾滴，一般情况下，作物枝叶只要被喷管吹动，雾滴就达到了。

⑨调整施液量。除用行进速度来调节外，转动药液开关角度或选用不同的喷量挡位也可调节喷量大小。

2）喷粉

①按使用说明书的要求启动背负机。

②粉剂应干燥，不得有杂草、杂物和结块。

③背上背负机后，调整油门使汽油机高速稳定运转。

④打开粉门操作手柄进行喷粉，喷粉时注意调节粉门开度控制喷粉量。

⑤大田喷粉时，走向最好与风向垂直，喷粉方向与风向一致或稍有夹角并保持喷粉头处于人体下风侧，应从下风向开始喷。

⑥在林区喷粉时注意利用地形和风向，晚间利用作物表面露水进行喷粉较好，但要防止喷粉口接触露水。

⑦保护地、温室喷粉时可采用退行对空喷撒法，当粉剂粒度很细时（≤5 微米），可站在棚室门口向里、向上喷撒。

⑧使用长薄膜管喷粉时，薄膜管上的小孔应向下或稍向后倾斜，薄膜管离地 1 米左右。操作时需两人平行前进，保持速度一致并保持薄膜管有一定的紧度。前进中应随时抖动薄膜管。

⑨作物苗期不宜采用喷粉法。

3）超低量喷雾

①按使用说明书的要求启动背负机。

②严格按要求的喷量、喷幅和行走速度操作。

为保证药效，要调整好喷量、有效喷幅和步行速度三者之间的关系。其中有效喷幅与药效关系最密切，一般来说，有效喷幅小，喷出来的雾滴重叠累积比较多，分布比较均匀，药效更有保证。有效喷幅的大小要考虑风速的限制，还要考虑害虫的习性和作物结构状态。对钻蛀性害虫，要求雾滴分布越均匀越好，也就是要求有效喷幅窄一些。例如防治棉铃虫，要使平展的棉叶上降落雾滴多而均匀，要求风小一些，有效喷幅窄一些，多采取8～10 米喷幅。对活动性强的咀嚼口器害虫（如蝗虫等），就可在风速许可范围内尽可能加宽有效喷幅。例如，在沿海地区防治蝗虫时，在 2 米/秒以上风速情况下，喷头离地面 1 米，有效喷幅可取 20 米。

③对大田作物喷药时，操作者手持喷管向下风侧喷雾，弯管向下，使喷管保持水平或有 5°～15°仰角（仰角大小根据风速而定，风速大，仰角小些或呈水平；风速小，仰角大些），喷头高出作物顶端 0.5 米。

④行走路线根据风向而定，走向最好与风向垂直，喷向与风向一致或稍有夹角，从下风向的第一个喷幅的一端开始喷洒。

⑤第一喷幅喷完时，立即关闭手把开关，关小油门，汽油机低速运转。人向上风方向行走，当快到第二喷幅时，加大油门，使汽油机达到额定转速。到第二喷幅处，将喷头掉转 180°，仍指向下风方向，打开开关后立即向前行走喷洒。

⑥停机时，先关闭药液开关，再关小油门，让机器低速运转 3～5 分钟再关闭油门。切忌突然停机。

⑦高毒农药不能作超低量喷雾。

（3）施药后的保养

1）喷雾机每天使用结束后，应倒出箱内残余药液或粉剂。

2）清除机器各处的灰尘、油污、药迹，并用清水清洗药箱和其他与药剂接触的塑料件、橡胶件。

3）喷粉时，每天要清洗化油器和空气滤清器。

4）长薄膜管内不得存粉，拆卸之前空机运转 1～2 分钟，将长薄膜管内的残粉吹净。

5）检查各螺钉、螺母有无松动，工具是否齐全。

6）保养后的背负机应放在干燥通风的室内，切勿靠近火源，避免与农药等腐蚀性物质放在一起。长期保存时还要按汽油机使用说明书的要求保养汽油机，对可能锈蚀的零件要涂上防锈黄油。

17. 农药用量有哪些表示方法?

（1）农药有效成分用量。国际上早已采用单位面积有效成分用量，即有效成分为克/公顷（g/hm^2）的表示方法，或有效成分为每亩的含量（国内常用）。

（2）农药商品用量。该表示法比较直观易懂，但必须带有制剂浓度，一般表示为每公顷或每亩含量。

（3）稀释倍数。这是针对常量喷雾而沿用的习惯表示方法，一般不指出单位面积用药液量。药液或药粉中的加水或填充料量为原药量的倍数，一般以质量计算。应用中，稀释倍数低，在100以内的，要扣除原药剂所占的1份；稀释倍数在100以上，则不扣除原药剂所占的1份。如乳油喷雾稀释40倍，则应取39份水加入1份药剂中；稀释200倍，将1份药剂加入200倍水中即可。

此外，也可以百分浓度表示农药使用浓度，如用12.5%烯唑醇可湿性粉剂按种子质量的0.1%拌种，以防治玉米丝黑穗病。

18. 如何换算农药使用浓度?

（1）农药有效成分量与商品用量的换算

农药有效成分量 = 农药商品用量 × 农药制剂浓度（%）

（2）稀释倍数换算

1）内比法（稀释倍数小于100）。

稀释倍数 = 原药剂浓度 ÷ 新配制药剂浓度

$$药剂用量 = 新配制药剂质量 \div 稀释倍数$$

$$稀释剂用量（加水或拌土量）= \frac{原药剂用量 \times（原药剂浓度 - 新配制药剂浓度）}{新配制药剂浓度}$$

2）外比法（稀释倍数大于100）。

$$稀释倍数 = 原药剂浓度 \div 新配制药剂浓度$$

$$稀释剂用量 = 原药剂用量 \times 稀释倍数$$

（3）农药浓度的稀释和计算

1）倍数稀释计算法。常用清水稀释，以相对于原药质量的倍数表示。

农药原液（粉）质量 = 稀释药液的质量 ÷ 稀释倍数

①求加水量。

例： 需配制50%多菌灵可湿性粉剂500倍液，问10千克该药剂，需加多少水？

解： 农药药剂质量为10千克，稀释倍数为500倍，所需加水质量为10×500 =5 000千克，即需加水5 000千克。

② 求农药原液（粉）的用量。

例： 需配制5%吡虫啉乳油1 500倍液50千克，问需要多少5%吡虫啉乳油原液？

解： 稀释药液质量为50千克，稀释倍数为1 500，则原药液用量 = 50 ÷ 1 500 = 0.033千克，即需要5%吡虫啉乳油原药0.033千克（药剂密度以1.0计算）。

2）有效成分稀释计算。

公式：原药剂质量 = 稀释后药液质量 × 稀释后药液浓度/原药剂浓度

例： 配制1/10 000浓度的乙烯利50千克，需用多少40%的乙烯利？

解： 稀释后的药液为50 000毫克（50千克），稀释后的药液浓度为 1/10 000，原药剂浓度为 40%。

因此原药用量 $=50\ 000\times\frac{1}{10\ 000}\div 40\% = 12.5$ 毫克，所以需用 40% 的乙烯利 12.5 毫克。

19. 如何称取农药制剂和稀释用水?

计算出农药制剂用量和用水量后，要严格按照计算量称取或量取。固体农药要用秤称量，液体农药要用有刻度的量具量取（如量杯、量筒、吸液管等）。量取时，应避免药液流到筒或杯的外壁，要使筒或杯处于竖直状态，以免造成量取偏差。量取配药用水，如果用水桶或喷雾器药箱作计量器具时，应在其内壁用油漆画出水位线，标定出准确的体积。

20. 如何正确配制药液、毒土?

（1）固体农药制剂的配制。商品农药的低浓度粉剂，一般不用配制可直接喷粉。但用作毒土撒施时需要用土混拌，选择干燥的细土与药剂混合均匀即可使用；可湿性粉剂配制时，应先在药粉中加入少量的水（500 克药粉约加 250 克的水），用木棒调成糊状，然后再加入较多的水调匀，以上面没有浮粉为准，最后加完剩余的稀释水量。注意，不能把药粉直接倒入大量的水中。

（2）液体农药制剂的配制

1）注意水的质量。用于配制药剂的水，应选用清洁的江、河、湖、溪和沟塘的水，尽量不用井水，更不能使用污水或海水，以免对乳油类农药起破坏作用，影响药效或引起药害。

2）严格掌握药剂的加水倍数。每种农药都有一定的使用浓度要求。配制时，应严格按规定的使用浓度加水，如果加水量过多，浓度降低，会影响药效；若加水量不足，致使药剂浓度增高，不但浪费农药，还可能引起药害。

3）注意加水方法。在按规定加入足量稀释水前，要先加入少量水配好母液，然后用剩余的水，分2～3次冲洗量器，冲洗水全部加入药箱中，搅拌均匀。需要注意的是，有的药剂在水中很容易溶解，但有的药剂虽也能溶解在水中，但需要先用少量热水溶解后，再加入清水。

4）注意药剂的质量。在加水稀释配制乳油农药时，一定要注意药剂的质量。有的乳油由于储存时间过长或者原来质量不好，已经出现分层、沉淀。对这种药剂，在配制前，应把药瓶轻轻摇振20～30次，静置后如能成均匀体，方可配制；如摇振后还不能成均匀体，就要把装乳油的药瓶放在温水里浸泡十几分钟（注意不能用开水，以防药瓶破碎），对分层、沉淀完全化开的药剂，可用少量的乳油农药，加入相应的清水试验，若上无浮油，下无沉淀，并成白色乳状液，则该药剂可以兑水使用。

病害防治篇

按发病部位分可将小麦病害分为5类：一是根部病害，如根腐病、雪霉病、全蚀病等；二是茎部病害，如白秆病、秆枯病、秆黑粉病等；三是叶部病害，如叶锈病、条锈病、叶枯病、白粉病、霜霉病、纹枯病等；四是穗部病害，如散黑穗病、腥黑穗病、赤霉病等；五是全株性病害，如黄矮病、丛矮病、土传花叶病、红矮病和各种生理性缺素病等。

1. 小麦全蚀病

◆**症状** 小麦全蚀病又称小麦黑脚病。该病是一种典型根部病害，只侵染麦根和茎基部1～2节。苗期病株矮小，下部黄叶多，种子根和地中茎变成灰黑色，严重时造成麦苗连片枯死。拔节期冬麦病苗返青迟缓、分蘖少，病株根部大部分变黑，在茎基部及叶鞘内侧出现较明显的灰黑色菌丝层。抽穗后田间病株成簇或点片状发生早枯白穗（见图3），病根变黑，易于拔起。在茎

图3 全蚀病后期形成枯白穗

部表面及叶鞘内布满紧密交织的黑褐色菌丝层，呈“黑脚”状，后颜色加深呈黑膏药状，上密布黑褐色颗粒状小点。该病与小麦其他根腐型病害区别在于种子初生根和次生根变黑腐败，茎基部生有黑膏药状的菌丝体（见图4）。

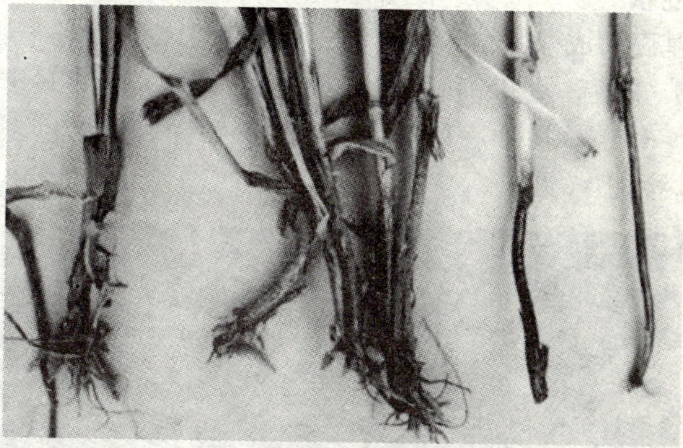

图4　基部叶鞘内侧呈“黑膏药”状

◆**防治**

（1）轮作倒茬。可与棉花、蔬菜等非寄主作物轮作，有条件的地方进行水旱轮作，可明显降低发病率。

（2）适当推迟播种期。小麦全蚀病重发区要适当推迟播种期。

（3）增施有机肥，保持氮、磷平衡。

（4）加强田间管理，深耕细耙，适时中耕、灌溉、施肥，促进根系发育和植株抗病力，不用病残物沤肥。

（5）药剂防治。可选用种子量0.2%的2%戊唑醇（立克秀）拌种，或15%三唑醇30克拌种100千克种子。冬小麦拌种后20～30天，每亩使用15%三唑酮（粉锈宁）可湿性粉剂150～200克，兑水60升，顺垄喷洒，翌年小麦返青期再喷一次，可有效控制全蚀病为害，并可兼治根腐病、白粉病和锈病。

2. 小麦根腐病

◆**症状** 该病除引起根腐外，还为害麦株其他部位，引起苗腐、茎基腐、成株叶枯和穗腐等，症状复杂。小麦种子、幼芽、幼苗、成株根系、茎叶和穗部均可受害，以根部受害最重。

（1）幼苗。播种后种子受害，幼芽鞘受害成褐色斑痕，严重时腐烂死亡（见图5）。

图5 小麦根腐病田间病苗

（2）根系。根部受害产生褐色或黑色病斑，植株茎基部出现褐色条斑，严重时茎折断枯死，或虽直立不倒，但提前枯死。枯死植株青灰色，白穗不实，俗称“青死病”。拔起病株可见根毛和主根表皮脱落，根冠部变黑并粘附土粒。

（3）叶片。叶片上受害先为梭形小斑，后扩大成椭圆形或不规则形斑块，边缘不规则，中央浅褐色至枯黄色，周围深绿色，有时有褪绿晕圈（见图6）。

1　　　　　　　　2　　　　　　　　3

图6　小麦根腐病症状

1—小麦根腐病病叶　2—小麦根腐病病穗　3—小麦根腐病病穗（黑胚粒）

（4）叶鞘、节。病斑褐色，小长方形或圆形及不规则形，严重时病节以上部位枯死。

（5）穗部。穗部发病在颖壳基部形成水浸状斑，后变褐色，表面敷生黑色霉层，穗轴和小穗轴也常变褐腐烂，小穗不实或种子不饱满。在高温条件下，穗颈变褐腐烂，使全穗枯死或掉穗。麦芒发病后，产生局部褐色病斑，病斑部位以上的一段芒干枯。种子被侵染后，胚全部或局部变褐色，种子表面也可产生梭形或不规则形暗褐色病斑（见图6）。

◆防治

（1）农业防治

1）与非禾本科作物轮作，避免或减少连作。

2）应因地制宜选用抗病、耐病品种，缺乏抗病品种时，需选用发病较轻的品种。

3）选用无病种子，适期早播、浅播，避免在土壤过湿、过干条件下播种。

4）加强田间管理，增施有机肥、磷钾肥，培育壮苗，返青时追施适量速效性氮肥。

5）合理排灌，防止小麦长期过旱过涝，越冬期注意防冻。

6）勤中耕，清除田间禾本科杂草。

7）麦收后及时翻耕灭茬，促进病残体腐烂。秸秆还田后要翻耕，埋入地下。

8）秸秆沤肥要充分腐熟。

（2）药剂防治

1）用种子质量0.2%～0.3%的50%代森锰锌可湿性粉剂，或0.2%～0.3%的50%多菌灵可湿性粉剂，或0.2%～0.3%的50%福美双可湿性粉剂，或0.2%～0.3%的15%三唑酮可湿性粉剂，或0.2%～0.3%的22%萎锈灵可湿性粉剂，或0.2%～0.3%的50%退菌特可湿性粉剂拌种。

2）成株期及时喷药剂，能有效防治叶腐和穗腐，对防病保产有较好的效果。东北北部可在开花期喷药，黄淮冬麦区在孕穗至抽穗期喷药。大发生年份应在第1次喷药后7～10天再喷1次。药剂用50%福美双可湿性粉剂500倍液，或15%三唑酮可湿性粉剂500倍液，或25%丙环唑（敌力脱）EC 1 500倍液。

3. 小麦雪霉病

◆症状 检查雪下病株，或雪消后刚露出来的病株，在绿色或枯死的植株各部，以及附近的地面上有生长旺盛的白色或灰白色的菌丝，以后会出现两种不同发病情况（见图7、图8）：一种是雪消后，菌丝见光，产生红色的分生孢子或分生孢子座，使外观带有淡红色泽，因此这种情况又被称为红色雪霉病。罹红

图 7　小麦雪霉病病株

图 8　小麦雪霉病田间症状

色雪霉病的病叶不破裂，失绿或干枯的叶子一直连接在病株上。另一种情况是菌丝较密集，在其中或病组织内部产生黑色菌核，外观上有黑色点状物，因此这种情况又被称为黑点雪霉病，罹黑点雪霉病的病叶极易破裂。此两种不同的症状实际上是由两类不同的真菌造成的。

◆防治

（1）轮作倒茬。将冬小麦改为春小麦，可避开冬季积雪这个发病有利条件，而且好的春小麦品种产量并不低于冬小麦。与玉米、胡麻、瓜、豆类等作物轮作倒茬，其中豆类作物可降低土壤中菌核的存活力，因此，与豆类作物倒茬防病效果最好。

（2）“健身”栽培。适期播种，增施有机肥和磷、钾肥，以增强植株抗病力。冬灌时间不宜过迟，以防积雪后致土壤湿度过大。开春后及时在麦田撒施生物肥料、炉渣、草木灰，加速冰雪融化，同时排除田间积水，促使冬小麦尽快返青，可减轻病害的发生。

（3）药剂防治。用40%多菌灵超微可湿粉按种子质量0.3%拌种，防效可达90%以上。对低湿、高肥、密植有可能发病田块或历年秋苗发病重的地区或田块，于越冬前和返青后喷洒80%多菌灵超微粉剂1 000倍液，每亩用量50克超低量或常规喷雾。也可选用36%甲基硫菌灵悬浮剂500倍液、50%苯菌灵可湿性粉剂1 500倍液、25%三唑酮乳油2 000倍液。

4. 小麦秆枯病

◆症状　小麦自苗期到抽穗结实期均可发病，主要发生在茎秆和叶鞘上。麦苗出土后1个月便可出现症状，在叶片、叶鞘及叶鞘内出现黑色粪状物，四周有梭形的褐色白斑（见图9）。病株拔节后，在叶鞘上形成有明显边缘的褐色云斑，病斑中间有黑色或灰黑色的虫粪状物。抽穗后茎秆与叶鞘间的菌丝层变为灰黑色，形成许多针尖大小的小黑点突破叶鞘（见图 10）。此时茎基部被病斑包围而干缩，甚至倒折，形成枯白穗和秕粒。

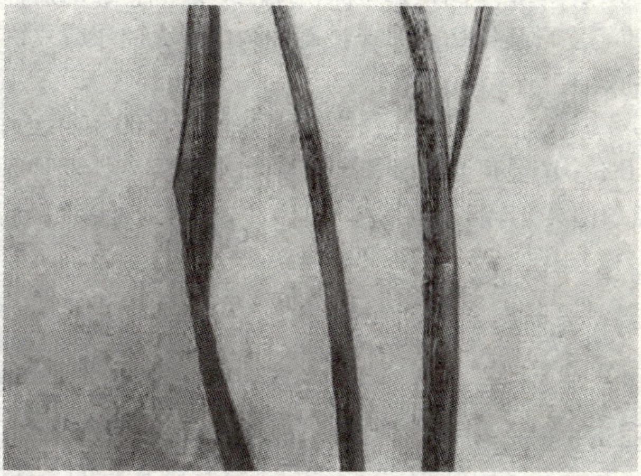

图 9　小麦秆枯病发病叶片和叶鞘

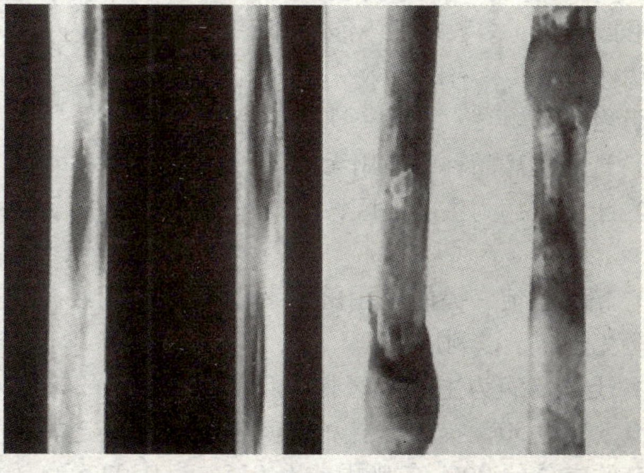

图 10　小麦秆枯病叶鞘（左）、茎秆症状（右）

◆**防治**

（1）加强栽培管理。及时清除田间病残体，集中沤肥或烧毁；深翻土地，轮作倒茬；避免苗期土壤过湿；适期播种，合理施肥，使小麦增强抗病能力；在播种沟内施人粪尿或豆饼，可收到一定的效果。

（2）药剂防治。用50%福美双可湿性粉剂500克拌麦种100千克，或40%多菌灵可湿性粉剂100克加水3千克拌麦种50千克，50%甲基硫菌灵可湿性粉剂按种子量0.2%拌种，可以减轻病害。

5. 小麦秆黑粉病

◆**症状** 主要为害小麦茎、叶和穗等。当小麦株高0.33米左右时，在茎、叶、叶鞘等部位出现与叶脉平行的条纹状孢子堆。孢子堆略隆起，初白色，后变灰白色至黑色，病组织老熟后，孢子堆破裂，散出黑色粉末，即孢子（见图11）。病株多矮化、畸形或卷曲，多数病株不能抽穗而卷曲在叶鞘内，或抽出畸形穗。病株分蘖多，有时无效分蘖可达百余个。

◆**防治**

（1）选用抗病品种，换用无病种子。

（2）土壤传病为主的地区，可与非寄主作物进行1~2年轮作。

（3）精细整地，提倡施用酵素菌沤制的堆肥或净肥，适期播种，避免过深，以利出苗。

（4）土壤传病为主的地区提倡用种子质量0.2%的40%拌种双或0.3%的50%福美双拌种。其他地区最好选用种子质量0.03%有效成分的20%三唑酮或0.015%~0.02%有效成分的15%三唑醇等内吸杀菌剂拌种。

图 11　小麦秆黑粉病茎秆（左）、叶片（右）症状

6. 小麦锈病

◆**症状**　小麦锈病共有三种，即小麦条锈病、叶锈病和秆锈病。

小麦条锈病菌主要为害小麦的叶片，也可为害叶鞘、茎秆和穗部。小麦感病后，初呈褪绿色的斑点，后形成鲜黄色的粉疱（即夏孢子堆）。夏孢子堆较小，长椭圆形，在叶片上排列成条状，与叶脉平行。到后期长出黑色、狭长形、埋伏于表皮下面的条状疮斑，即病菌的冬孢子（见图 12）。

小麦叶锈病主要为害小麦叶片，产生疱疹状病斑，也侵害叶鞘，但很少侵害茎秆或穗部。在初生夏孢子堆周围有时产生数个次生的夏孢子堆，一般多发生在叶片的正面，少数可穿透叶片。夏孢子堆多在叶片正面不规则散生，圆形至椭圆形，疱疹状隆起，成熟后表皮开裂一圈，表皮破裂后现橙黄色的粉状物，散出橘黄色的夏孢子，比秆锈病小，较条锈病大。冬孢子堆主要发生在叶片背面和叶鞘上，散生，圆形或椭圆形，黑色，扁平，排列散乱，但成熟时表皮不破裂（见图12）。

图12　小麦条锈病（左）、小麦叶锈病（右）为害叶片

小麦秆锈病以茎秆和叶鞘发病为主，有时也为害叶片和穗部。夏孢子堆排列散乱无序，深褐色、孢子堆大，椭圆形。夏孢子堆穿透叶片的能力较强，同一侵染点在正反面都可出现孢子堆。冬孢子堆黑色，椭圆形，散生，突破表皮，呈粉疤状（见图13）。

图 13　小麦秆锈病为害叶片（左）、茎秆（右）

◆**防治**

（1）农业防治。因地制宜种植抗病品种是防治小麦锈病的基本措施。小麦收获后及时翻耕灭茬，消灭自生麦苗，减少越夏菌源。搞好大区抗病品种合理布局，切断菌源传播路线。

（2）药剂拌种。对秋苗常年发生条锈病较重的地块，用25%三唑酮可湿性粉剂 15 克拌麦种 150 千克或 12.5%烯唑醇可湿性粉剂 60～80 克拌麦种 50 千克。

（3）大田防治。每亩用15%三唑酮可湿性粉剂50 克或20%三唑酮乳油每亩 40 毫升；或25%三唑酮可湿性粉剂每亩 30 克，或12.5%烯唑醇（速保利）可湿性粉剂每亩用药 15～30 克，兑水 50～70 千克喷雾，或兑水 10～15 千克进行低容量喷雾；或25%丙环唑乳油2 000 倍液喷雾，做到普治与挑治相结合。在病害流行年，可酌情加大用药量。小麦锈病、叶枯病、纹枯病混发时，于发病初期，每亩用 12.5%烯唑醇（速保利）可湿性粉剂20～50 克，兑水50～80 千克喷施效果优异，既防治锈病，又可兼治叶枯病和纹枯病。

7. 小麦白粉病

◆**症状**　自幼苗到抽穗均可发病。主要为害小麦叶片，也为害茎和穗子。在叶片上开始产生黄色小点，而后扩大发展成圆形或椭圆形病斑，表面生有白色粉状霉层。一般情况下部叶片比上部叶片多，叶片背面比正面多。霉斑早期单独分散，后联合成一个大霉斑，甚至可以覆盖全叶，严重影响光合作用，使新陈代谢受到干扰，造成早衰，产量受到损失（见图 14、图 15）。

图 14　小麦白粉病叶（左）、病穗（右）

◆**防治**

（1）农业防治。根据品种和地力，播种时合理安排播量，推迟播期，控制群体不宜过大，增施磷钾肥和有机肥，改善田间通风透光条件，降低田间湿度，提高植株抗病性，促使小麦生长健壮。麦收后及时耕翻灭茬，铲除自生麦苗。

（2）种子处理。秋苗发病早且严重的秋冬或冬前用药剂进行种子处理或施药防治。种子处理：用种子质量 0.03%（有效成分）的 6% 戊唑醇（立克秀）悬浮种衣剂拌种，也可用 2.5%

图 15　小麦白粉病田间症状

咯菌腈（适乐时）20 毫升 +3% 恶醚唑（敌萎丹）100 毫升兑适量水 10 千克，并堆闷 3 小时。

（3）药剂防治。病株率达到 5% 时选用白粉捕 800～1 000 倍液或烯唑·锰锌 800～1 000 倍液，或选用 15% 的三唑酮每亩 100 克兑水 50 千克进行均匀喷雾。

8. 小麦叶枯病

◆**症状**　小麦叶枯病是引起小麦叶斑和叶枯类病害的总称，世界上报道的叶枯病的病原菌达 20 多种。我国目前以雪霉叶枯病、根腐叶枯病、链格孢叶枯病（叶疫病）、壳针孢类叶枯病等在各产麦区危害较大，已成为我国小麦生产上的一类重要病害。几种叶枯病都以危害小麦叶片为主，在叶片上产生各种类型的病斑，严重时造成叶片干枯死亡。其症状主要区别如表 2、图 16 所示。

表 2　小麦几种叶枯病发生时期、危害部位和症状特点比较

病害种类	雪霉叶枯病	根腐叶枯病	链格孢叶枯病	壳针孢类叶枯病
发生时期	幼苗～灌浆期	苗期～收获期	小麦生长中后期	小麦生长中后期
危害部位和症状类型	危害幼芽、叶片、叶鞘和穗部，造成芽腐、叶枯、鞘腐和穗腐等症状，以叶枯为主	危害叶片、根部、茎基部、穗部和子粒，造成苗腐、叶枯、根腐、穗腐和黑胚	主要危害叶片和穗部，造成叶枯和黑胚症状	主要危害叶片和穗部，造成叶枯和穗腐
叶片上病斑特点	病斑初为水浸状，后扩大为近圆形或椭圆形大斑，直径 1～4 厘米，边缘灰绿色，中央污褐色，多有数层不明显轮纹。叶片上病斑较大或较多时即可造成叶枯	早期在叶片上形成褐色近圆形或椭圆形较小病斑。成株期形成典型的淡褐色梭形叶斑，周围常有黄色晕圈。病斑相互愈合形成大斑，使叶片干枯	初期在叶片上形成较小的黄色褪绿斑，后扩展为中央呈灰褐色，边缘黄褐色长圆形病斑。病斑在适宜条件下可愈合形成不规则大斑，造成叶枯	初期形成淡褐色卵圆形小斑，扩大后形成浅褐色近圆形或长条形，也可互相连接成不规则形较大病斑。一般下部叶片先发病，逐渐向上发展，重病叶常早枯
病征	病斑表面常形成砖红色霉层，潮湿时病斑边缘有白色菌丝薄层，有时产生黑色小粒点（子囊壳）	潮湿时病斑上可产生黑色霉层	潮湿时病斑上可产生灰黑色霉层	病斑上密生小黑点，为病菌的分生孢子器

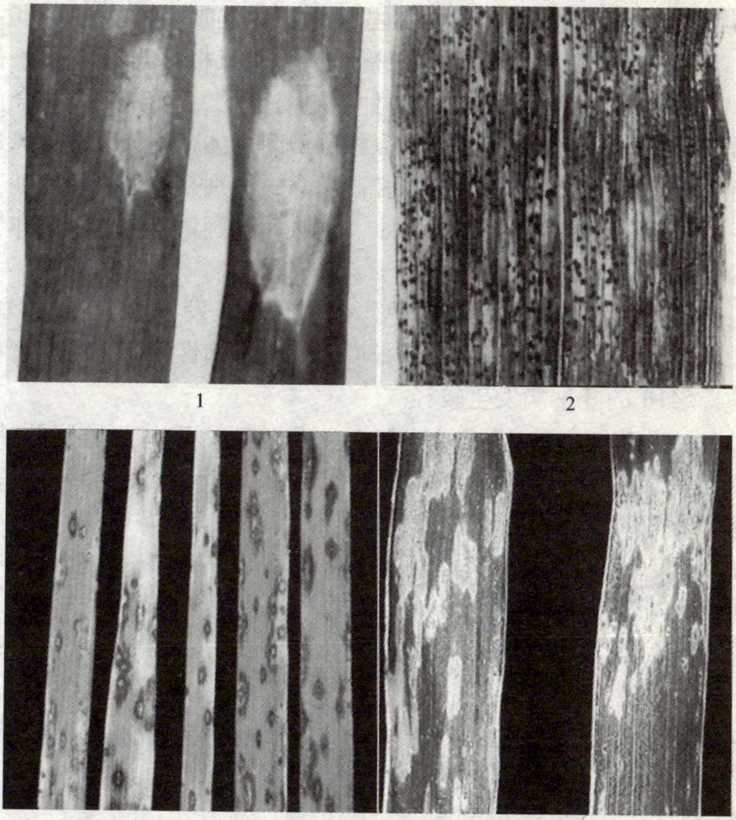

图 16 小麦叶枯病

1—雪霉病叶枯病 2—根腐病叶枯病 3—链格孢叶枯病 4—壳针孢类叶枯病

◆防治

（1）使用无病种子和种子消毒。由于多种叶枯病都可以种子带菌，使用健康无病种子，减少菌源量，可减轻病害发生。做好种子田的防治，降低种子带菌率；尽可能不去重病区调种。对带菌种子可用 2.5% 咯菌腈（适乐时）种衣剂 1∶500（药∶种）包衣，或 20% 克福种衣剂 1∶50 包衣，或种子质量 0.5% 的 50%

福美双，或种子量0.03%的三唑酮可湿性粉剂拌种。

（2）农业防治。播前精细整地，并注意根据当地气候条件和品种特性，进行适期适量播种。施足基肥，氮磷钾肥配合使用，避免过量过晚施用氮肥，以控制田间群体密度，改善通风透光条件，促使小麦健壮生长。控制灌水，特别是小麦生长后期不能大水漫灌，雨后还要及时排水。麦收后要翻耕，加速病残体腐烂，以减少菌源。

（3）选用抗病和耐病品种。在东北地区发现温州和尚、华东3号、九三系列品系对小麦根腐叶枯病抗病性较好；河南省发现冀5418的叶枯病发生较轻。

（4）药剂防治 。在发病初期应及时喷洒杀菌剂进行防治。防治雪霉叶枯病可使用15%三唑酮、12.5%烯唑醇、50%甲基硫菌灵和50%多菌灵；防治其他叶枯病可用20%丙环唑（敌力脱）、75%代森锰锌或75%百菌清等药剂。一般第一次喷药后根据病情发展，间隔10～15天再喷药一次。由于小麦叶枯病病原菌比较复杂，不同杀菌剂复配使用效果更好。

9. 小麦霜霉病

◆症状 苗期受侵的麦苗表现矮缩，分蘖稍增多。拔节后病株矮化明显，节间缩短，叶片变宽，有时病叶扭曲。重病株常不能孕穗并在抽穗期死亡。穗常包于旗叶鞘中，或从旗叶鞘侧面拱出，弯曲成龙头状，畸形（见图17）。病株茎秆粗壮，表面覆一层白霜状霉层。

◆防治

（1）实行轮作。发病重的地区或田块，应与非禾谷类作物进行1年以上轮作。

图 17　小麦霜霉病病株

（2）健全排灌系统。严禁大水漫灌，雨后及时排水，防止湿气滞留，发现病株及时拔除。

（3）药剂防治。播前每 50 千克小麦种子用 25% 甲霜灵可湿性粉剂 100 ~ 150 克（有效成分为 25 ~ 37.5 克）加水 3 千克拌种，晾干后播种。必要时在播种后喷洒 0.1% 硫酸铜溶液或 58% 甲霜灵 · 锰锌可湿性粉剂 800 ~ 1 000 倍液、72% 霜脲氰 · 锰锌（克露）可湿性粉剂 600 ~ 700 倍液、69% 安克 · 锰锌可湿性粉剂 900 ~ 1 000 倍液、72.2% 霜霉威（普力克）水剂 800 倍液。

10. 小麦纹枯病

◆**症状**　小麦受纹枯菌侵染后，在各生育阶段出现烂芽、病苗枯死、花秆烂茎、枯株白穗等症状。

烂芽：芽鞘褐变后芽枯死腐烂，不能出土。

病苗枯死：发生在 3 ~ 4 叶期，初仅第一叶鞘上有中间灰色四周褐色的病斑，后因抽不出新叶而致病苗枯死。

花秆烂茎：拔节后在基部叶鞘上形成中间灰色边缘浅褐色的云纹状病斑，病斑融合后，茎基部呈云纹花秆状。

枯株白穗：病斑侵入茎壁后，形成中间灰褐色四周褐色的近圆形或椭圆形眼斑，造成茎壁失水坏死，最后病株因养分、水分缺失而枯死，形成枯株白穗。此外，有时该病还可形成病健交界不明显的褐色病斑（见图18）。

图18　小麦纹枯病症状

1—病苗　2—病秆　3—病穗

◆防治

（1）农业防治

1）选用抗病、耐病品种。

2）施用酵素菌沤制的堆肥或增施有机肥，采用配方施肥技术配合施用氮、磷、钾肥。不要偏施氮肥。

3）适期播种，避免早播，雨后及时排水。

（2）药剂防治

1）播种前药剂拌种。用种子质量0.2%的33%纹霉净（三唑酮加多菌灵）可湿性粉剂或用种子质量0.03%～0.04%的15%三唑醇（羟锈宁）粉剂、或0.03%的15%三唑酮（粉锈宁）可湿性粉剂或0.012 5%的12.5%烯唑醇（速保利）可湿性粉剂拌种。

2）翌年春季冬、春小麦拔节期，每亩用5%井冈霉素水剂7.5克兑水100千克或15%三唑醇粉剂8克兑水60千克或20%三唑酮乳油8～10克兑水60千克，或12.5%烯唑醇可湿性粉剂12.5克兑水100千克或50%甲基立枯磷（利克菌）200克兑水100千克喷雾，防效比单独拌种的提高10%～30%，增产2%～10%。此外还可选用33%纹霉净可湿性粉剂或50%甲基立枯磷（利克菌）可湿粉400倍液。

11. 小麦细菌性条斑病

◆症状 主要为害小麦叶片，严重时也可为害叶鞘、茎秆、颖片和子粒。病部初现针尖大小的深绿色小斑点，后扩展为半透明水浸状的条斑，后变深褐色，常出现小颗粒状细菌脓。褐色条斑出现在叶片上，故称细菌性条斑病（见图19）。病斑出现在颖壳上的称黑颖（见图20）。

◆防治

（1）选用抗病品种，适时播种，冬麦不宜过早。春麦要种植生长期适中或偏长的品种，采用配方施肥技术。

（2）用45℃水恒温浸种3小时，晾干后播种。也可用1%生石灰水在30℃下浸种24小时，晾干后再用种子质量0.2%的40%拌种双粉剂拌种。

（3）田间防治可用20%叶枯唑1 500倍液或用1 000万单位农用链霉素10～15克，兑水均匀喷雾。

图19 小麦细菌性条斑病病叶

图20 小麦细菌性条斑病黑颖

12. 小麦散黑穗病

◆症状 主要发生在穗部，最先抽出的病穗，外面包有一层薄膜，不久自行破裂，散出黑色粉末，大部分病穗整个变为黑粉，也有少数小穗仍为健全，留在穗子的上半部（见图 21）。病株比健株稍矮，但抽穗略早。

图 21　小麦散黑穗病病穗

◆防治

（1）农业措施。一是选用抗病品种；二是建立无病留种田，抽穗前注意检查并及时拔除病株进行销毁，种子田远离大田 300 米以外。

（2）种子处理。播种前用石灰水浸种，方法是用生石灰 1 千克加清水 100 千克，浸麦种 60～70 千克，注意水要高出种子 10～15 厘米。浸种 2～4 天，摊开晾干后备播。

（3）药剂拌种。用种子量 0.03%（有效成分）的三唑酮（粉锈宁）或 0.015%～0.02% 的三唑酮（羟锈宁）拌种，或用

75%萎锈灵150克或100%萎锈灵100克拌麦种50千克。也可用40%拌种双可湿性粉剂0.1千克，拌麦种50千克或用50%多菌灵可湿性粉剂0.1千克，兑水5千克，拌麦种50千克，拌后堆闷6小时，可兼治腥黑穗病。

13. 小麦腥黑穗病

◆**症状** 一般病株较矮，分蘖较多，病穗稍短且直，颜色较深，初为灰绿，后为灰黄。颖壳麦芒外张，露出部分病粒（菌瘿）（见图22）。病粒较健粒短粗，初为暗绿，后变灰黑，包外一层灰包膜，内部充满黑色粉末，破裂散出含有三甲胺鱼腥味的气体，故称腥黑穗病（见图22）。

1 2

图22 小麦腥黑穗病

1—小麦腥黑穗病病穗 2—小麦腥黑穗病病粒（下）和健粒（上）

◆**防治**

（1）搞好植物检疫，不从病区调运种子。

（2）春麦不宜播种过早，冬麦不宜播种过迟。播种不宜过深。播种时施用硫铵等速效化肥做种肥，可促进幼苗早出土，减少侵染机会。

（3）常年发病较重地区用2%戊唑醇（立克秀）拌种剂10～15克，加少量水调成糊状液体与10千克麦种混匀，晾干后播种。也可用种子质量0.15%～0.2%的20%三唑酮（粉锈宁）或0.1%～0.15%的15%三唑醇（羟锈宁）、0.2%的40%福美双、0.2%的40%拌种双、0.2%的50%多菌灵、0.2%的70%甲基硫菌灵（甲基托布津）、0.2%～0.3%的20%萎锈灵等药剂拌种和闷种，都有较好的防治效果。

14. 小麦赤霉病

◆**症状** 自幼苗至抽穗期均可发生，引起苗枯、茎腐和穗腐等。

穗腐：初在小穗颖片上出现水浸状病斑，逐渐扩大至整个小穗和穗子，严重时整个小穗或穗子后期全部枯死，呈灰褐色。田间潮湿时，病部产生粉红色胶质霉层，后期穗部出现黑色小颗粒，即子囊壳（见图23、图24）。

苗枯：在幼苗的芽鞘和根鞘上呈黄褐色水浸状腐烂，严重时全苗枯死，病残苗上有粉红色菌丝体。

茎腐：发病初期，茎基部呈褐色，后变软腐烂，植株枯萎，在病部产生粉红色霉层。

◆**防治**

（1）农业措施。一是选用抗病种；二是深耕灭茬，清洁田园，消灭菌源；三是开沟排水，降低田间湿度。

图 23　赤霉病病穗

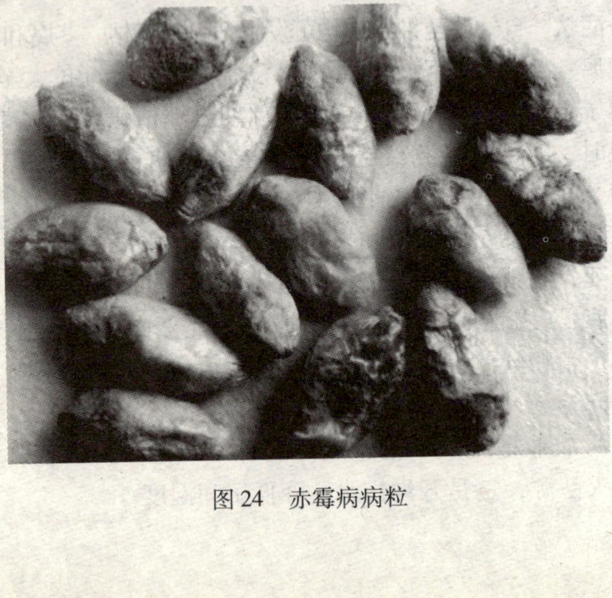

图 24　赤霉病病粒

（2）药剂防治。小麦抽穗至盛花期，用50%多菌灵，或70%甲基硫菌录（甲基托布津）可湿性粉剂800～1 200倍液喷雾，每亩100千克，可以有效地防止病害流行，如扬花期连续下雨，第一次用药7天后趁下雨间断时再用药1次。用多福合剂（含25%多菌灵、15%福美双）500倍液喷雾，可以兼治散黑穗病；用40%灭菌丹可湿性粉剂200～300倍液喷雾，可以兼治麦类秆锈病；用禾枯宁可湿性粉剂不仅可以有效地防治赤霉病，还可兼治白粉病等病害。

15. 小麦粒线虫病

◆症状 小麦受害后，从苗期至成熟期均可表现症状，但以后期最为明显。受害幼苗叶片皱缩、扭曲，叶色浅而肥嫩，叶尖常被包于叶鞘内，严重的萎缩枯死。在抽穗前，病株茎、叶膨大而弯曲。病穗表现短小，颖片张开，子粒部分全部变为虫瘿（见图25）。虫瘿比健粒短而粗，近球形，初为油绿色，后期变为黄褐色至黑褐色，顶部有小钩，不易压碎（见图26）。剖开虫瘿，内含白色丝状的线虫。

◆防治

（1）加强植物检疫。通过植物检疫，防止病原线虫的传入传出。

（2）选种。一是利用麦粒与虫瘿大小的差异，机械淘汰种子中的虫瘿；二是利用麦粒与虫瘿的比重差异，采用20%盐水或26%硫酸铵液，或30%～40%胶泥水漂选出虫瘿，用清水洗净种子，然后晾干播种。同时将虫瘿集中烧毁。

图 25　小麦粒线虫病病株

图 26　小麦粒线虫病病粒

16. 小麦胞囊线虫病

◆**症状** 受害小麦幼苗矮黄，根分岔多而短，并稍膨大，根生长得浅并显著减少，后期被寄生处根侧鼓包、皮裂，露出面粉粒状、先白色发亮后变褐发暗的胞囊。将挖取的细根，在空气中放置几分钟后，胞囊更明显。

图 27 小麦胞囊线虫病病苗（右）

◆**防治**

（1）农业防治

1）种植抗病品种。

2）通过与非寄主植物（如豆科植物大豆、豌豆、三叶草和苜蓿等）和不适合的寄主植物（玉米等）轮作，可以降低土壤中小麦胞囊线虫的种群密度，与水稻、棉花、油菜连作 2 年后种植小麦或与胡萝卜、绿豆轮作 3 年以上，可有效防治小麦胞囊线虫病。

图 28　小麦胞囊线虫病病根

图 29　小麦胞囊线虫病田间病株（下）

3）适当早播。土壤温度对小麦胞囊线虫的生活史及其对寄主植物的危害性存在很大的影响，低温可以减少病害损失。小麦适期早播，在大量2龄幼虫孵化时，小麦根系已经发育良好，抗侵染能力增强，发病可减轻。

4）合理施肥浇水。适当增施氮肥和磷肥，改善土壤肥力，促进植株生长，可降低小麦胞囊线虫的危害程度。干旱时及时浇水，能有效减轻危害。

（2）化学防治。在小麦播种期，每亩用10%克线磷颗粒剂或10%噻唑磷300～400克进行土壤处理，能在一定程度上降低该线虫的危害。发病时，可每亩用5%涕灭威（神农丹）2千克拌细土20～30千克，顺垄撒施，施后及时浇水，使药剂尽快、完全被植株吸收，效果较好。

17. 小麦黄矮病

◆**症状** 小麦黄矮病又称黄金病、黄叶病、嵌边黄等。在小麦的整个生长发育阶段都能发生。一般发病越早，发病和减产也就越重，但不同时期所表现的症状有一定差别。

图30 小麦黄矮病病叶

图31　小麦黄矮病病株

（1）幼苗发病。叶片逐渐褪绿，表现为与叶脉平行的黄绿相间条纹，以后呈鲜黄色，植株生长缓慢，明显矮化，分蘖少，基部叶片枯黄，根系入土浅，易拔起，不耐低温，易受冻死亡，能越冬的病苗，翌年生长发育受抑制，叶片细弱，有的不表现黄化症状，严重的不能抽穗或穗小、粒少、千粒重低等，对产量影响很大。

（2）拔节期发病。一般从新叶下1~2片叶开始黄化，再自上而下叶片逐渐变黄；在一叶上先从尖端发黄沿着叶缘向叶身扩展，黄化部分很快扩展至全叶的1/3~1/2处，剩余部分仍呈绿色，且叶色稍深，叶片变窄、变厚、质脆，叶背有蜡质光泽。拔节以后发病的植株，一般矮化不明显，能正常抽穗，但子粒不饱满。

（3）孕穗期发病。仅旗叶发黄，发黄的顺序是从尖端开始逐渐向下延伸，根系不健全，主根短，次生根少；不矮化，能抽穗结实，但穗形变小，粒数减少，秕粒增多，千粒重降低。

图 32　小麦黄矮病田间症状

图 33　小麦黄矮病传毒介体长管蚜

◆**防治**

（1）农业措施。一是种植抗耐病品种；二是适时播种，避免早播；三是对已发病田块，增加肥水管理，能减少损失。

（2）种子处理。用70%吡虫啉可湿性粉剂30克兑水700毫升，拌种10千克。

（3）药剂防治。及时喷洒3%啶虫脒乳油2 000倍液，或10%吡虫啉可湿性粉剂2 000倍液，并在药剂中加入5%菌毒清100毫升/亩，杀虫的同时，也起到一定的减轻病害作用。

18. 小麦丛矮病

图34　小麦丛矮病小蘖型病株

◆**症状** 小麦丛矮病又称小蘖病、坐坡病等，是由灰飞虱传播的一种病毒病。小麦植株因感病早晚不同，其发病症状有较大差别。幼苗感染显症的称小蘖型，拔节后感病或显症的称黑痘型（或蓝矮型）。

（1）小蘖型。遭受侵染的幼苗，分蘖无限增多，明显呈丛簇状；发病早而重的麦苗，不耐低温，易导致越冬死亡，如能越冬，则节数增加，茎节缩短，常有拐弯现象。随着植株的增高，表现为分蘖密生而细小纤弱，沿叶脉有均匀一致的黄白色条纹，至成株后条纹可基本消失，但新叶多扭曲，重病株不能抽穗或穗小，或小穗不实或子粒秕瘦，提前枯死，极易拔起。呈小蘖型症状的麦田，对产量影响极大，严重者可绝收。

图35 小麦丛矮病传毒介体灰飞虱

（2）黑痘型。拔节后感病或显症的植株，表现为分蘖稍多，茎直立而短粗，叶片呈深绿色，有增宽、变硬、发脆的特点；心叶出现黄白点，旗叶或其下一叶出现宽窄不匀的黄化条斑，黄化处叶背面蜡质粉多而易脱落，呈油样光泽，越近后期，旗叶上的黄化条纹越多，并逐渐褪绿枯黄；穗颈常短缩半卷于叶鞘内，而芒露于叶外，似“塔”状；根系退化，在干旱情况下呈“鸡爪”状。

◆防治

（1）农业措施。一是在重病区压缩小麦与玉米、棉花套种；二是种麦前清除地边草，减少毒源和虫源；三是适时推迟播种。

（2）药剂防治。一是药剂拌种，参见小麦黄矮病药剂拌种；二是田间施药，小麦出苗时可用25%噻嗪酮（扑虱灵、优乐得）可湿性粉剂750～1 000倍液，或10%吡虫啉可湿性粉剂2 000倍液喷雾。小麦返青盛期也要及时防治灰飞虱。

19. 小麦红矮病

◆症状 红矮病主要症状是植株变色和矮化。植株变色因品种而异，红秆品种的病株变红至紫红色，青秆品种变黄色。小麦红矮病主要在秋苗期感病，叶尖、叶缘开始变红色或黄色并向下扩及全叶。拔节后病株矮化，叶片变厚，直立，后期黄化枯死。重病株不能拔节，心叶抽不出，逐渐死亡；轻病株虽能拔节，有

图36 小麦红矮病病苗

的还能抽穗，但往往不能结实，即使结实，籽粒秕瘦。病株根系发育不良，抗寒力差，春季受晚霜冻害，病情加重。

◆**防治**

（1）栽培防病。科学播种，防止早播，是防治该病的关键。要精耕细作，及时清除田间杂草。麦收后马上灭茬深翻，麦苗越冬期搞好镇压耙耱，使麦苗安全越冬。

图 37　小麦红矮病病株田间症状

（2）药剂防治。在秋播前开始调查当地秋作物和杂草上的虫口密度，一般虫口低于 5 头，发病轻，虫口在 5 ~ 10 头，中度发生，如超过 10 头可能大发生。播种前用药剂拌种，参见小麦黄矮病药剂拌种，防治出苗期遭受叶蝉为害。苗期虫口密度大，小麦出苗时可用 25% 噻嗪酮（扑虱灵、优乐得）可湿性粉剂 750 ~ 1 000 倍液，或 10% 吡虫啉可湿性粉剂 2 000 倍液喷雾。

（3）对于病害严重、面积较大、收成无望的地块，要尽快翻耕，种植豆类、糜谷等作物，以秋补夏。

20. 小麦土传花叶病

症状 发病植株一般先在心叶上出现不规则的褪绿块和条点，株高明显矮缩，根部变为褐色。进入返青期后，心叶症状更加明显，个别病株的心叶伸展不开，有扭曲现象。拔节期后下部叶片大部分变黄枯死，中部叶片出现大量黄绿相间的斑块和条纹，重病田分蘖基本全部枯死，甚至主茎也死掉。小麦进入孕穗期以后，病情似有好转，上部新生片病症隐蔽，其余症状依然清晰。

图 38 小麦土传花叶病病叶

图 39　小麦土传花叶病病苗

◆**防治**

（1）农业措施。一是选用抗病品种；二是防止病土搬家；浇地时防止从病田中过水。

（2）药剂防治。一是土壤灭菌，重病地块小麦播种前采用焦木酸原液或 1∶4 的稀释液处理土壤。这种方法不但对灭菌有效，还有抑制杂草的作用；二是利用石灰氮作肥料对防治本病有显著效果。

21. 小麦冻害

◆**症状**　小麦遭受冻害以后，主要表现为叶色暗绿，叶片像用开水烫过一样，以后逐渐枯黄。受冻的麦苗生长初期表现为不透明状，以后细胞解体萎缩变形。小麦中后期受冻害，轻者叶尖失绿变黄，重者造成整株死亡。

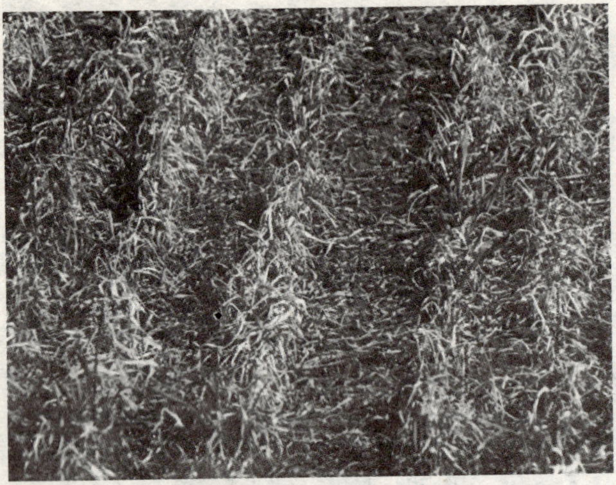

图 40　冬季受冻麦苗

图 41　春季受冻麦苗

◆防治

(1) 因地制宜选用抗寒品种。选择抗寒性较强的冬性或半冬性丰产良种，并做到良种良法配套，精细整地，增施基肥，适时播种，合理密植和培育壮苗越冬。

（2）分类管理，促进壮苗。对旺长苗要及早镇压蹲苗；对湿僵苗和排水不良的水渍苗，首先要做好中耕散温和排水降渍工作，以增强土壤通透比，提高抗寒能力；对播种过早的露苗要结合培土或增施农家肥，盖没种子，保护好分蘖节；对肥力不足的瘦弱苗，要及时增施速效肥料，促进其生长；对丛生苗则应通过疏苗来改善生长环境。

（3）合理施肥，适时浇水。采用配方施肥，注意不要偏施氮肥，以防旺长和降低抗寒性。“夜冻日消，冬灌正好”若冬灌太晚会导致人为的冻害。

22. 小麦干热风

◆症状　小麦受干热风为害，各部位失水变干，顺序由麦尖到芒基、由穗顶到穗基和由叶尖到叶基、茎秆青干发白，叶片卷缩凋萎，颜色由青变黄，逐渐变为灰白色，颖壳呈白色或灰绿色，子粒干秕，千粒重下降。

◆防治

（1）改善农业生产条件，逐步建立高产稳产麦田。通过选种早熟高产品种和采用适时早播等，促使小麦提早成熟，躲过或减轻干热风的危害。选用抗旱、抗病、抗干热风等抗逆能力较强的品种。

（2）增施有机肥和磷钾肥，适当抑制氮肥的施用量；喷施草木灰，在小麦起身拔节期喷 1～2 次 10% 的草木灰浸提液；喷施磷酸二氧钾，在小麦孕穗至灌浆期喷施 1～2 次磷酸二氢钾溶液，每亩用磷酸二氢钾 150～200 克。加水 50～60 千克喷施茎叶；喷施抗旱剂，在小麦孕穗期用抗旱剂 1 号或旱地龙喷施茎叶。

图 42　受干热风危害的麦穗（左）

23. 小麦缺素症

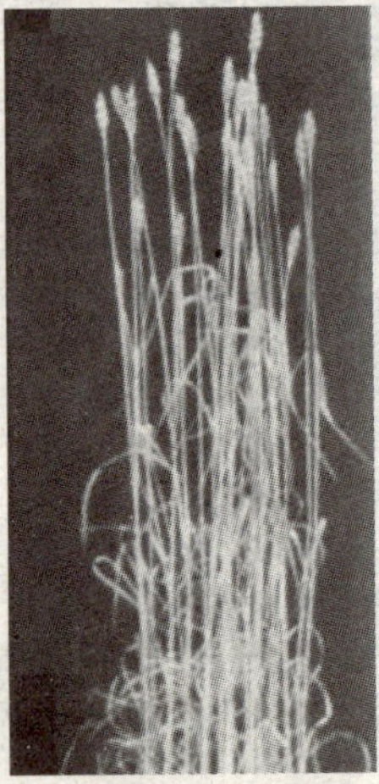

图 43　小麦后期缺氮

◆**症状**　据调查，我国西北部麦田严重缺磷，普遍缺氮，钾相对充足；黄淮麦区高产田缺钾，部分麦田缺磷。

（1）缺氮。主要表现为植株矮小细弱，分蘖少而弱，叶片窄小直立，叶色淡黄绿，老叶尖干枯，逐步发展为基部叶片枯黄，茎有时呈淡紫色，穗形短小，千粒重低，过早成熟，产量降低（见图 43、图 44）。但施用氮肥过多，常引起过分分蘖，茎叶疯长，茎秆柔软，容易倒伏和遭受病虫危害；茎叶旺长，密不透风，遮光严重，使穗部生长和子粒灌浆受到影响；

不仅贪青晚熟，而且产量降低。

图44　小麦苗期缺氮

（2）缺磷。叶片暗绿，带紫红色，无光泽，植株细小，分蘖少，次生根极少，茎基部呈紫色。前期少长停滞，出现缩苗。冬前返青期叶尖紫红色，抽穗成熟延迟、穗小粒少，子粒不饱满，千粒重低。分蘖期缺磷幼苗在三叶期后显出缺磷症状。一般植株长相瘦弱，叶片上现紫红色，叶鞘上呈条状紫红色，长势慢，分蘖弱且少（见图45、图46）。当土壤中不缺氮而严重缺磷时，叶色暗绿。植株不分蘖，根系生长不良。小麦返青后，叶片和叶鞘仍表现紫红色，多无春季分蘖，新生根生长慢且少，烂根现象不断扩展。拔节期缺磷，除苗期主要的症状更为明显外，下层叶片逐渐变成淡黄色，从叶尖和叶边渐渐枯萎。植株内的幼穗分化发育不良，生根少，尤其是根毛坏死，烂根现象严重。抽穗开花期缺磷，一般表现为植株矮小，随着穗部生长发育，叶片从下层干枯，从叶尖和边缘渐次枯萎引起胚珠不孕。增加退化小花数，小穗数和粒数减少，子实不饱满，千粒重明显下降（见

图 47)。严重时，有些不能抽穗或出现假“早熟现象”和瘦秕的死穗，导致品质变劣，产量下降。

图 45　小麦苗期缺磷

图 46　小麦缺磷叶鞘症状

图 47　小麦苗缺磷田间症状

(3) 缺钾。缺钾初期，全部叶片呈蓝绿色，叶质柔弱，并卷曲，以后老叶的尖端及边缘变黄，变成棕色直至枯死，整个叶片呈烧焦状。茎秆细弱，易发生倒伏和遭受霜冻。缺钾症状从下部片先出现黄色斑点，从老叶尖端开始，然后沿着叶脉向内延伸，老叶叶尖发生褪绿，继而坏死；由于沿叶缘褪绿区向下移动比沿中脉快，结果中脉附近组织保持的绿色呈箭头状褪绿区逐渐向叶基部扩展。

严重时老叶尖端和叶缘呈烧焦状，茎秆细弱，根系发育不良，易早衰。抽穗、成熟显著提前，子粒灌浆不好，品质变差，产量下降。

图 48　小麦缺钾叶片

（4）缺锌。麦苗返青迟，拔节困难，节间缩短，植株矮小，茎秆和叶片沿主脉两侧出现花青素，同时有不规则黄褐色小斑点，斑点相连形成黄绿相间的条带，条带边缘清晰（见图 50），下部老叶成水渍状而干枯死亡，叶片寿命较正常植株缩短 7～15 天，抽穗扬花迟而不齐，影响到小麦后期正常灌浆，出现秕粒现象。根系不发达，抽穗迟，穗小，粒少，千粒重降低，影响产量，严重缺锌时小麦不能抽穗，根系变黑，麦苗干枯死亡。

图 49　小麦缺钾植株

（5）缺钼。主要表现为叶片失绿黄化，先从老叶的叶尖开始向叶边缘发展，再由叶缘向内扩散，先是斑点，然后连成线和片，严重者黄化部分变褐，最后使叶片前部干枯，严重的整叶干枯死亡（见图 51）。

1　　　　　　　　2

图50　小麦缺锌症状

1—叶部症状　2—茎部症状

图51　小麦缺钼

（6）缺硼。分蘖不正常，严重的不能抽穗。即使抽出麦穗，也不开花结实。小麦缺硼表现为不稔症，雄蕊发育不良，花丝不能伸长，花药瘦小、空秕，呈弯月形，不能开裂授粉，形成空秕穗。缺硼引起穗上发生次级小穗或未受粉颖壳张开透亮，俗称“亮穗”（见图52）。

图 52　小麦缺硼

（7）缺锰。主要表现为叶片柔软下披，新叶脉间条纹状失绿，由绿黄到黄色，叶脉仍为绿色；有时叶片呈浅绿色，黄色的条纹扩大成褐色的斑点，叶尖出现焦枯。

图 53　小麦缺锰

（8）缺钙。植株生长点及叶尖端易枯死，幼叶不易展开，幼苗死亡率高，叶片呈灰色，已长出的叶子也常现失绿现象。

图 54　小麦缺钙

（9）缺铜。顶叶呈浅绿色，老叶多弯曲，叶片失绿变灰，严重时叶片死亡。

图 55　小麦缺铜

（10）缺镁。小麦缺镁叶色褪淡，脉间失绿黄化，叶片披散，有“念珠状”小绿斑。

图 56　小麦缺镁

（11）缺硫。小麦缺硫植株常常变黄，叶脉之间尤甚，但老叶往往保持绿色。植株矮小，成熟延迟。

◆**防治**　肥料利用率低的原因：一是施用有机肥和无机肥比例不平衡；二是化肥中所含氮、磷、钾 3 种元素不平衡；三是肥料中大量元素和中微量元素不平衡。若要有效地调节上述不平衡，进一步提高肥料利用率，施用叶面肥是有效的途径。与常规的根系供应养分相比，通过叶片直接吸收养分是一种见效快、效率高的施肥方式，且可防止养分被土壤胶体吸附固定，小麦对微量元素需要量虽然不大，但绝不能缺少。

（1）防治缺氮。首先，施用充分腐熟的有机肥或酵素菌沤制的堆肥，其次各地根据土壤普查，采用配方施肥技术，施配制的小麦专用肥。应急时，每亩追施人粪尿 700 ~ 1 000 千克或硫酸铵 15 ~ 20 千克，也可喷施 1.5% ~ 2% 的尿素水溶液 2 ~ 3 次，每

图 57　小麦缺硫

次间隔 7～10 天。也可每亩用尿素 1.5～2 千克或硫酸铵 4～5 千克拌 10 千克麦种，随拌随种，要求干拌，不要用碳铵或氯化铵。

（2）防治缺磷。每亩追施普钙 30～50 千克，也可喷施 2～3 次 1%～2% 普钙澄清液或 0.3% 的磷酸二氢钾水溶液。

（3）防治缺钾。每亩追施硫酸钾或氯化钾 7～10 千克或草木灰 200 千克，也可喷施 2～3 次 1% 的硫酸钾或氯化钾或 0.3% 的磷酸二氢钾水溶液。

（4）防治缺锌。每亩追施硫酸锌 1 千克或 0.2% 的硫酸锌喷施 2～3 次。也可用硫酸锌 40～60 克拌种。

（5）防治缺钼。可喷施 0.05% 的钼酸铵溶液 1～2 次，间隔 7～10 天。也可每亩用钼酸铵 20～30 克拌种。

（6）防治缺硼。用 0.1%～0.2% 硼砂溶液进行叶面喷肥，每7~10天一次，连喷2~3次。

（7）防治缺锰。每亩追施硫酸锰1千克或0.1%的硫酸锰叶面喷施2~3次。也可用硫酸锰40~80克拌种。

（8）防治缺钙。

1）控制肥料用量。对盐碱土壤严格控制氮钾肥用量，同时一次用肥不宜过量，以防耕层土壤的盐分浓度提高。

2）及时灌溉，防止土壤干燥。秋冬季常常会遇到干旱，当土壤过度干燥时，应及时灌溉，使其保持湿润，以增加植株对钙的吸收。

3）叶面喷钙。对因土壤溶液浓度过高引起根系吸收障碍的，土壤施用钙肥常常无效，一般适用叶面喷施。可选用氯化钙和硝酸钙作为喷施种类，前者常用浓度为0.3%~0.5%，一般每隔7天左右喷1次，连喷2~3次可见效。由于钙在植物体内移动性极差，为促进钙的运转，在喷钙同时加入生长素类物质如萘乙酸，可以明显改善钙的吸收和分布。具体配法为：氯化钙0.7%，加萘乙酸50毫克/千克（1千克水中含50毫克萘乙酸），混匀后喷施。

4）施用石灰质肥料。对于供钙不足的酸性土壤应施用石灰等含钙肥料。石灰的用量与土壤质地有关，同时考虑原来土壤的酸碱度。在生产中还可以选用其他含钙高的肥料如石膏等。

（9）防治缺铜。增加优质农家肥施用量；对缺铜症可用硫酸铜液喷雾。

（10）防治缺镁

1）施用镁肥。对于土壤供镁不足造成的缺镁可施镁肥补充，一般用硫酸镁等镁盐，每亩用量约2~4千克。对一些酸性土壤最好每亩用镁石灰（白云石烧制的石灰）50~100千克亩，既供给镁，又可改良土壤酸性。许多化肥如钙镁磷肥都含有较高的镁，可根据当地的土壤条件和施肥状况因地制宜加以选择。对于根系吸收障碍而引起的缺镁，应采用叶面补镁来矫治。一般可用1%～2%硫酸镁溶液，在症状激化之前喷洒，每隔5～7天喷1次，连喷3～5次。

2）控制氮钾肥的用量。对供镁低的土壤，要防止过量氮肥和钾肥对镁吸收的影响。

（11）防治缺硫。增施硫酸铵、过磷酸钙等含硫肥料；在生长期或发现植株缺硫时，用0.01%～0.1%硫酸钾溶液叶面喷施。

虫害防治篇

1. 蚜虫

◆害虫识别

（1）麦长管蚜。无翅孤雌蚜体长 3.1 毫米，宽 1.4 毫米，长卵形，草绿色至橙红色，头部略显灰色，腹侧具灰绿色斑。触角、喙端节、跗节、腹管黑色。尾片色浅。腹部第 6～8 节及腹面具横网纹，无缘瘤。中胸腹岔具短柄。额瘤显著外倾。触角细长，全长不及体长，第 3 节基部有 1～4 个次生感觉圈。喙粗大，超过中足基节。端节圆锥形，是基宽的 1.8 倍。腹管长圆筒形，长为体长 1/4，在端部有网纹十几行。尾片长圆锥形，长为腹管的 1/2，有 6～8 根曲毛。有翅孤雌蚜体长 3.0 毫米，椭圆形，绿色，触角黑色，第 3 节有 8～12 个感觉圈排成一行。喙不达中足基节。腹管长圆筒形，黑色，端部有 15～16 行横行网纹，尾片长圆锥状，有 8～9 根毛（见图 58）。

图 58　长管蚜的有翅孤雌蚜（左）和无翅孤雌蚜（右）

（2）麦二叉蚜。无翅孤雌蚜体长 2.0 毫米，卵圆形，淡绿色，背中线深绿色，腹管浅绿色，顶端黑色。中胸腹岔具短柄。

额瘤较中额瘤高。触角6节，喙超过中足基节，端节粗短，长为基宽的1.6倍。腹管长圆筒形，尾片长圆锥形，长为基宽的1.5倍，有长毛5~6根。有翅孤雌蚜体长1.8毫米，长卵形。活体绿色，背中线深绿色。头、胸黑色，腹部色浅。触角黑色共6节。触角第3节有4~10个小圆形次生感觉圈，排成一列。前翅中脉二叉状（见图59）。

图59　麦二叉蚜无翅孤雌蚜（左）、有翅孤雌蚜（右）

（3）禾谷缢管蚜。无翅孤雌蚜体长1.9毫米，宽卵形。活体黑绿色，嵌有黄绿色纹，被有薄粉。腹管基部四周具锈色纹。触角6节，黑色。中胸腹岔无柄。中额瘤隆起。喙粗壮较中足基节长，长是宽的2倍。腹管长椭圆形。尾片长圆锥形，有4根毛。有翅孤雌蚜体长2.1毫米，长卵形，活体头、胸黑色，腹部深绿色，具黑色斑纹。第7、8节腹背具中横带。腹管黑色。触角第3节有圆形次生感觉圈19~28个，第4节2~7个（见图60）。

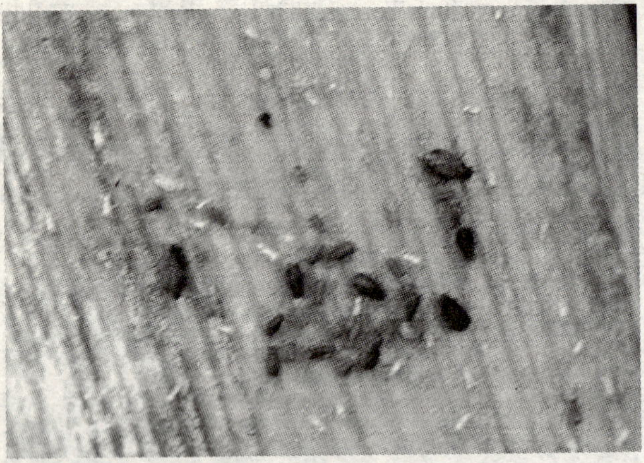

图60　禾谷缢管蚜

◆**为害症状**　麦长管蚜前期集中在叶正面或背面，后期集中在穗上刺吸汁液，致受害株生长缓慢，分蘖减少，千粒重下降，是麦类作物重要害虫（见图61），也是麦蚜中的优势种。麦二叉蚜常在麦类叶片正、反两面或基部叶鞘内外吸食汁液，致麦苗黄枯或伏地不能拔节，严重的麦株不能正常抽穗，直接影响产量，

图61　麦长管蚜为害叶片

此外还可传带小麦黄矮病（见图62）。禾谷缢管蚜以成、若虫吸食叶片、茎秆和嫩穗的汁液，不仅影响植株正常生长，还会传播病毒病（见图63）。

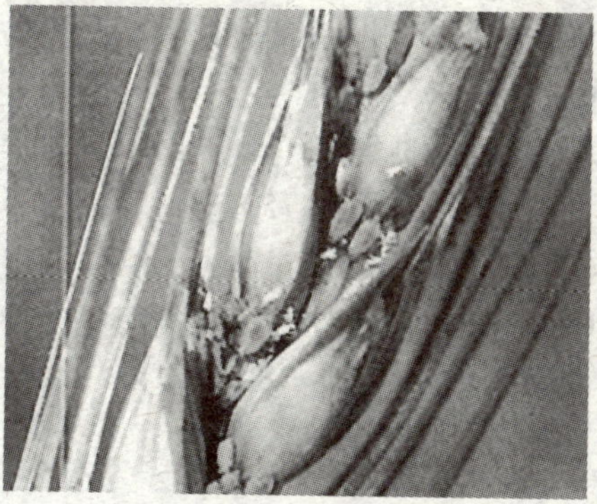

图62　麦二叉蚜为害穗

图63　禾谷缢管蚜为害茎秆

◆防治方法

（1）农业防治

1）选用抗虫品种。

2）合理布局。冬春麦混种区，尽量减少冬小麦面积或冬麦与春麦分别集中种植，这样可减少受害。

3）适时集中播种。冬麦适当晚播，春麦适时早播。

4）合理施肥浇水。

（2）生物防治。减少或改进施药方法，避免杀伤麦田天敌。充分利用瓢虫、食蚜蝇、草蛉、蚜茧蜂等天敌有效地控制蚜虫。当天敌不能控制麦蚜时再选用对天敌安全的0.2%苦参碱（克蚜素）水剂400倍液或杀蚜霉素（孢子含量200万个/毫升）250倍液喷雾防治。

（3）化学防治

1）在小麦黄矮病流行区主要是苗期治蚜，用70%吡虫啉可湿性粉剂拌种防蚜。

2）在非黄矮病流行期，重点防治穗期麦蚜，必要时田间喷洒2.5%扑虱蚜可湿性粉剂或10%吡虫啉（一遍净）可湿性粉剂2 500倍液或2.5%高渗吡虫啉可湿性粉剂3 000倍液、50%抗蚜威可湿性粉剂3 500~4 000倍液、20%吡虫啉浓可溶剂或2.5%溴氰菊酯乳油3 000倍液。

3）干旱地区每亩可用40%乐果乳油50毫升，兑水1~2千克，拌细沙土15千克，或用80%敌敌畏乳油75毫升，拌土25千克，于小麦穗期清晨或傍晚洒施。

4）用20%敌敌畏熏烟剂9~10.5千克/公顷，放烟30分钟后，烟云逐渐沉降到作物上，防效80%左右。

2. 小麦吸浆虫

◆害虫识别

（1）麦红吸浆虫。雌成虫体长2~2.5毫米，翅展5毫米左右，体橘红色。前翅透明，有4条发达翅脉，后翅退化为平衡棍。触角细长，雄虫体长2毫米左右。卵长0.09毫米，长圆形，浅红色。幼虫体长约2.5~3毫米，椭圆形，橙黄色，头小，无足，蛆形，前胸腹面有1个“Y”形剑骨片，前端分叉，凹陷深。蛹长2毫米，裸蛹，橙褐色，头前方具白色短毛2根和长呼吸管1对（见图64）。

（2）麦黄吸浆虫。雌体长2毫米左右，体鲜黄色。卵长0.29毫米，香蕉形。幼虫体长2~2.5毫米，黄绿色，体表光滑，前胸腹面有剑骨片，剑骨片前端呈弧形浅裂，腹末端生突起2个。蛹鲜黄色，头端有1对较长毛。

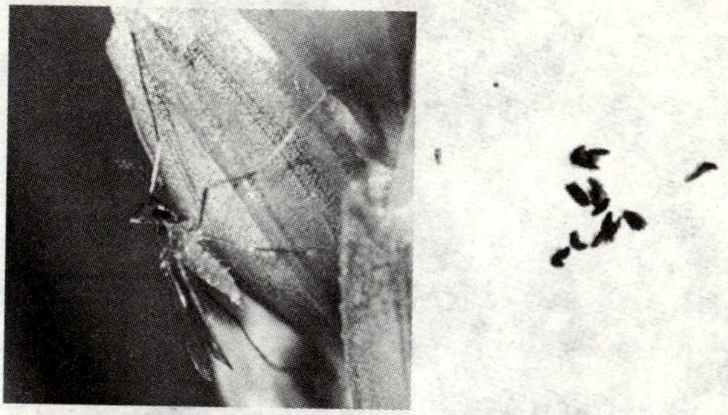

图 64 麦红吸浆虫成虫（左）、幼虫（右）

◆**为害症状** 以幼虫潜伏在颖壳内吸食正在灌浆的麦粒汁液，造成秕粒、空壳。小麦吸浆虫以幼虫为害花器、子实和或麦粒，是一种毁灭性害虫（见图 65、图 66）。

图 65 吸浆虫幼虫为害穗粒

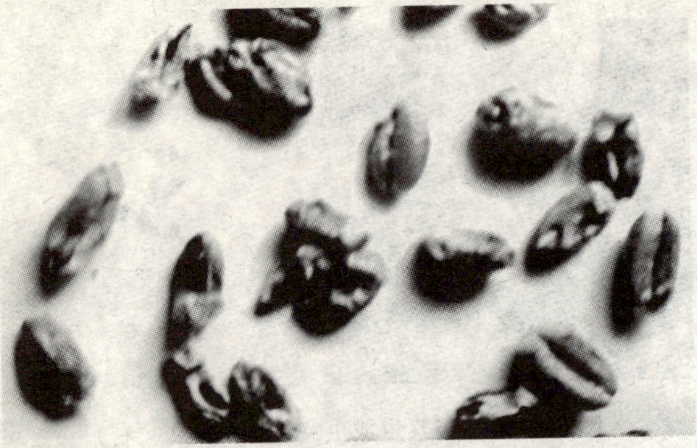

图 66　吸浆虫为害形造成干瘪粒

◆**防治方法**

（1）农业防治

1）选用抗虫品种。不同小麦品种，小麦吸浆虫为害程度不同，一般芒长多刺，口紧小穗密集，扬花期短而整齐，果皮厚的品种，有利于抑制吸浆虫成虫的产卵、幼虫入侵等，因此要选用穗形紧密，内外颖毛长而密，麦粒皮厚，浆液不易外流的小麦品种。

2）轮作倒茬。麦田连年深翻，小麦与油菜、豆类、棉花和水稻等作物轮作，对压低虫口数量有明显的作用。在小麦吸浆虫严重田块及其周围，可实行棉麦间作或改种油菜、大蒜等作物，待两年后再种小麦，就会减轻为害。

（2）化学防治。根据小麦吸浆虫发生为害规律，防治上要坚持“麦播期和蛹期土壤处理为主，穗期成虫补治为辅”的策略，严把“三关”，即麦播期、孕穗期（蛹期）和抽穗期（成虫期）的防治。

1）麦播期防治。麦播前结合整地每亩用 50% 辛硫磷 200 ~ 300 毫升，兑适量水，均匀喷在 20 千克细土或煤渣上制成毒土，于犁后耙前撒于地表，撒后立即耙平，可有效杀灭土壤中的吸浆虫休眠体，同时兼治地下害虫。

2）蛹期防治。每亩用5%毒死蜱粉剂600~900克，拌细土20~25千克，均匀撒在麦垄内。施药后要立即浇水，可提高防效。

3）成虫期防治

①喷雾。4.5%高效氯氰菊酯乳油1 000~1 500倍液，10%吡虫啉可湿性粉剂1 000倍液。

②熏蒸。每亩用80%敌敌畏乳油100~200毫升，兑水1~2千克搅匀后，喷拌在25千克细土（麦糠）上，于傍晚前后把毒土（糠）撒于麦垄熏杀成虫。

3. 麦蜘蛛

◆害虫识别

（1）麦圆蜘蛛。麦圆蜘蛛成虫体长0.6~0.98毫米，宽0.43~0.65毫米，卵圆形，黑褐色。4对足，第1对长，第4对其次，第2、3对等长。具背肛。足、肛门周围红色。卵长0.2毫米左右，椭圆形，初暗褐色，后变浅红色。若螨共4龄。1龄称幼螨，3对足，初浅红色，后变草绿色至黑褐色。2、3、4龄若螨4对足，体似成螨［见图67（左）］。

（2）麦长腿蜘蛛。成虫体长0.62~0.85毫米，体纺锤形，两端较尖，紫红色至褐绿色。4对足，其中1、4对特别长。卵有2型：越夏卵圆柱形，长0.18毫米，卵壳表面有白色蜡质，顶部覆有白色蜡质物，似草帽状，卵顶具放射形条纹；非越夏卵球形，粉红色，长0.15毫米，表面生数十条隆起条纹。若虫共3龄。1龄称幼螨，3对足，初为鲜红色，吸食后为黑褐色，2、3龄有4对足，体形似成螨［见图67（右）］。

图 67　麦圆蜘蛛（左）麦长腿蜘蛛（右）

◆**为害症状**　两种麦蜘蛛于春秋两季以成、若虫吸食麦叶汁液，受害叶上出现细小白点，后麦叶变黄，麦株发育不良，植株矮小，穗少粒轻，严重的全株干枯死亡（见图 68）。

图 68　麦长腿蜘蛛田间为害状

◆防治方法

（1）农业防治。麦收后深耕灭茬，可大量消灭越夏卵，压低秋苗的虫口密度。适时灌溉，同时振动麦株，可有效地减少麦蜘蛛的种群数量。轮作倒茬，避免麦田连作，可减轻麦蜘蛛的为害。

（2）药剂防治。可选药剂有克螨特（丙炔螨特）、苯丁锡（托尔克）、噻螨酮（尼索朗）、四螨嗪（阿波罗）、唑螨酯（霸螨灵）、哒螨酮（速螨酮）、哒螨酮（牵牛星）、哒螨酮（扫螨净）、溴螨酯（螨代治）、阿维菌素。轮换使用，防治2~3次。

4. 黏虫

◆害虫识别 成虫体长15~17毫米，翅展36~40毫米。头部与胸部灰褐色，腹部暗褐色。前翅灰黄褐色、黄色或橙色，变化很多；内横线往往只现几个黑点，环纹与肾纹褐黄色，界限不显著，肾纹后端有一个白点，其两侧各有一个黑点；外横线为一列黑点。后翅暗褐色，向基部色渐淡。卵长约0.5毫米，半球形，初产白色渐变黄色，有光泽。卵粒单层排列成行成块。老熟幼虫体长38毫米。头红褐色，头盖有网纹，额扁，两侧有褐色粗纵纹，略呈八字形，外侧有褐色网纹。体色由淡绿至浓黑，变化很大（见图69）。

◆为害症状 以幼虫咬食叶片，1~2龄幼虫仅食叶肉形成小孔，5~6龄达暴食期，严重时将叶片吃光形成光杆，造成严重减产，甚至绝收。当一块田被吃光后，幼虫常成群迁到另一块田为害，故又名“行军虫”（见图70）。

图 69　黏虫成虫（左）、幼虫（右）

图 70　小麦黏虫田间为害状

◆防治方法

（1）诱杀成虫和诱集产卵

1）草把诱杀。发蛾始盛期，在麦田、谷田每亩用5个大谷草把，分别吊在离地1～1.5米高的木棍上，每隔20～30米插一个，每日清晨抖草把，把落在地上的蛾子踩死。发蛾高峰期，可在田内插小谷草把，诱集成虫产卵，每亩地可散插10～15个小谷草把，草把应高出作物30～40厘米。大、小草把都应5天换一次，换下后立即烧毁。

2）糖醋诱杀。取红糖350克、酒150克、醋500克、水250克、再加90%的晶体敌百虫15克，制成糖醋诱液，放在田间1米高的地方诱杀黏虫成虫。

3）黑光灯诱杀。

（2）保护和利用天敌。黏虫天敌种类很多，如鸟类、蛙类、捕食和寄生性昆虫、线虫、微生物等，保护天敌生活环境，增加天敌数量，能够对黏虫防治发挥重要作用。

（3）药剂防虫。应在幼虫3龄前及时防治。

1）昆虫生长调节剂喷雾。低龄幼虫期用5%氟虫脲（卡死克）乳油4 000倍液、灭幼脲1号、灭幼脲2号或灭幼脲3号500～1 000倍液，也可用15%灭幼脲1号1.5克兑水200毫升，或25%灭幼脲3号10克兑水200毫克，进行低容量喷雾防治，防治黏虫幼虫效果好，且不杀伤天敌，对农作物安全，用量少，不污染环境。

2）化学农药喷雾。可选用5% S－氰戊菊酯（来福灵）3 000倍液，或20%杀灭菊酯2 000倍液，或50%辛硫磷1 000倍液，或25%氰戊·辛硫磷（快杀灵）乳油1 500倍液，或10%阿维高氯1 000倍液进行喷雾防治。虫龄大时要适当加大用药量，施药时间最好选在晴朗的早晨或傍晚，以提高防治质量。

5. 小麦叶蜂

◆**害虫识别** 小麦叶蜂成虫体长8~9.8毫米，雄蜂体略小，黑色微带蓝光，后胸两侧各有一白斑。翅透明膜质，带有极细的淡黄色斑。胸腹部光滑，散有细刻点，小盾片黑色近三角形，有细稀刻点。卵扁平肾形淡黄色，表面光滑。幼虫共5龄，老龄幼虫17~18.8毫米，圆筒形，胸部较粗，腹末较细，胸腹各节均有横皱纹。头深褐色，胸腹部发绿色。蛹长9.8毫米，雄蛹略小，淡黄到棕黑色。头胸部粗大，腹部细小，末端分叉（见图71）。

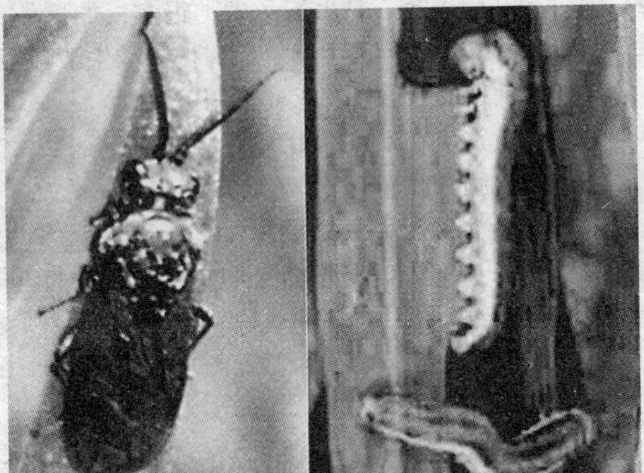

图71 小麦叶蜂成虫（左）、幼虫（右）

◆**为害症状** 以幼虫取食小麦和叶片，严重时可将麦叶吃光（见图72）。

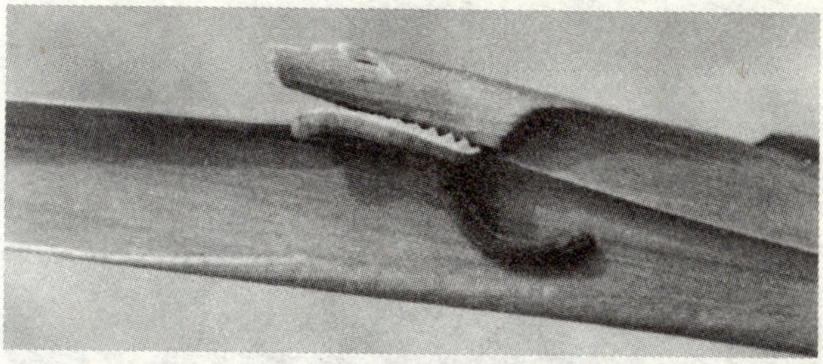

图 72　叶蜂幼虫为害小麦叶片

◆**防治方法**

（1）农业防治。麦播前深耕细耙，并实行冬灌，可消灭一部分休眠幼虫和越冬蛹。选用叶基狭窄、茸毛长、早熟品种，不利其幼虫存活，可减轻为害。

（2）药剂防治。在成虫盛发期，可用 50% 辛硫磷乳油加 2 000倍液，或用 2.5% 敌杀死乳油 4 000 倍液喷雾。

6. 麦黑潜蝇

◆**害虫识别**

成虫：体长 3.1 ~3.4 毫米，翅长与体长基本相同，体黑色。头部额、侧额内缘、新月片、颊及触角黑褐色，触角芒色稍浅，侧额有弱光，颜面及侧颜具淡灰粉。胸部黑色具薄粉，中胸背板具翅内后鬃及小盾前鬃，翅透明，微带淡茶褐色，翅脉黄褐色，前缘脉仅 1 次断裂，翅缘第二、第三、第四室宽度的比例为 3.5∶1.0∶0.9。成虫趋光性强。平衡棒基部土黄色，端部白色，足黑色，但胫节基部、腿节膝褐色，雄跗节色淡带黄色。腹部黑色，具弱光，雌腹部第 6、7 两节浓黑色，有强光（见图 73）。

图 73　麦黑潜蝇成虫

卵：白色，长 0.48 毫米，椭圆形，末端稍细，中间有 2 小突起。

幼虫：体白色微带黄色，长 3.55～4.50 毫米，宽 0.85～1.20 毫米。各体节前缘有数排淡褐色小刺。口钩黑色，各具 4 齿，上面 2 齿大，下面 2 齿明显小。下唇骨黑色，咽骨黑色，背臂分叉。体后部可透视到将排出的黑色粪便，末端有 2 肉质突起（见图 73）。

蛹：褐色至赤褐色，长约 2 毫米。每体节间有暗色小点 1 列。前气门突柄较长，相距较远；后气门突小，下侧方有肉质突起 1 对。

◆为害症状　成虫危害叶片形成针状小眼，在叶片上呈竖线形排列，以后逐渐呈黄色小斑点状；幼虫在麦苗基部叶片内上下表皮之间为害，叶肉被幼虫吃光，仅剩上下表皮呈透明色，虫道较宽、袋状，里面留有黑色虫粪，被害叶片从叶尖到叶中部，枯黄或呈水浸状，严重时影响小麦光合作用和正常生长（见图74）。

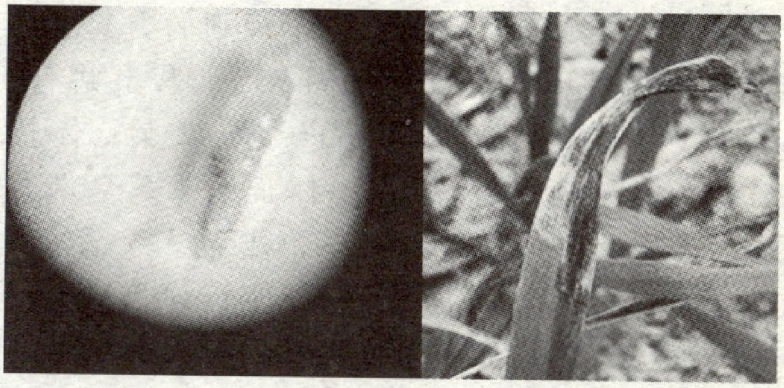

图74　麦黑潜蝇幼虫（左）及为害状

◆防治方法　以成虫防治为主，幼虫防治为辅。防治成虫可选用5%高效氯氰菊酯乳油1 500倍液，防治幼虫可以选用1.8%阿维菌素2 000～2 500倍液，对小麦中下部均匀喷雾。

7. 赤须盲蝽

◆害虫识别　成虫全身绿色或黄绿色。头部略呈三角形，顶端向前突出，头顶中央有一纵沟，前伸不达顶端。复眼黑色半球形，紧接前胸背板前角。触角细长，分4节，等于或略短于体长，第一节短而粗，上有短的黄色细毛，第二、三节细长，第四节最短。触角红色，故称赤须盲蝽。喙分4节，向后伸达后足基节处，第四节端部黑色。前胸背板梯形，前缘低平，两侧向下弯曲，后缘两侧较薄。小盾片三角形，基部不被前胸背板后缘所覆盖。前翅革质部与体色相同，膜质部透明，后翅白色透明。体腹面淡绿或黄绿色，腹部腹面有疏生浅色细毛。足黄绿色，胫节末端及跗节黑色，生有稀疏黄色细毛，跗节3节，覆瓦状排列，爪黑色，中垫片状（见图75）。体长：雄性5~5.5毫米，雌性5.5~6.0毫米。卵口袋状，长约1.0毫米，卵盖上有不规则的突起。初产时白色透明，临孵化时呈黄褐色（见图75）。若虫共有5龄。1龄：体长约1.0毫米，绿色，足黄绿色。2龄：体长1.7毫米左右，绿色，足黄褐色。3龄：体长约2.5毫米，触角长2.5毫米，体黄绿色或绿色。4龄：体长约3.5毫米，足胫节末端及跗节和喙末端均黑色。5龄：体长约5毫米，全身黄绿色，触角红色，足胫节末端、跗节及喙末端均黑色（见图75）。

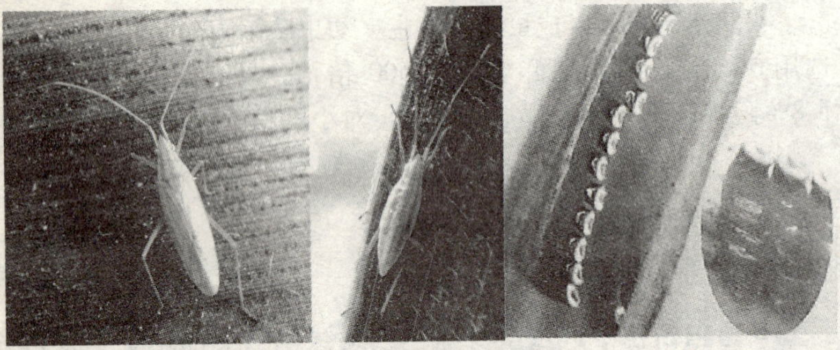

1　　2　　3

图75　赤须盲蝽

1—成虫　2—若虫　3—卵

◆**为害症状**　赤须盲蝽成、若虫在叶片上刺吸汁液，致叶片初呈淡黄色小点，后呈白色雪花斑布满叶片（见图76）。

◆**防治方法**　可用4.5%高效氯氰菊酯乳油1 000倍液加10%吡虫啉可湿性粉剂1 000倍液、3%啶虫脒1 500倍液喷雾进行防治。

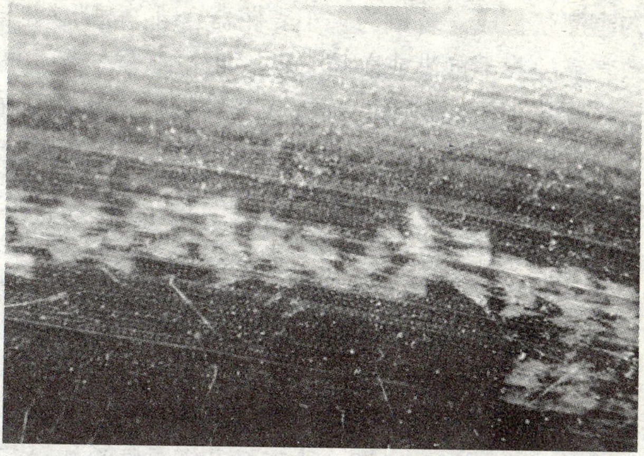

图 76　赤须盲蝽为害小麦叶片症状

8. 小麦管蓟马

◆**害虫识别**　成虫体长 1.5～2.2 毫米，体黑褐色，翅 2 对，边缘具长缨毛，前翅无色，仅近基部较暗。头略呈方形，3 个单眼呈三角形排列在复眼间。触角 8 节，第 3 节长是宽的 2 倍，第 3、4、5 节基部较黄。腹部末端延长成管状，叫做尾管。卵长约 0.45 毫米，长椭圆形，黄色。若虫无翅，初孵若虫浅黄色，后变橙红色，触角、尾管黑色。前蛹较 2 龄若虫短，浅红色，翅芽显露。伪蛹触角伸向头两侧，翅芽增长，色深（见图 77）。

图 77　小麦管蓟马成虫

◆**为害症状** 成、若虫为害小麦花器，乳熟灌浆期吸食麦粒浆液，致麦粒灌浆不饱满或麦粒空秕。此外还为害小穗的护颖和外颖。受害颖片皱缩或枯萎，发黄或呈黑褐色，易遭病菌侵染，诱发霉烂或腐败。

◆**防治方法**

（1）合理轮作倒茬。

（2）适时早播，躲过为害盛期。

（3）秋季或麦收后及时进行深耕，清除麦场四周杂草，破坏其越冬场所，可压低越冬虫口基数。

（4）化学防治。小麦孕穗期，大量蓟马迁飞到麦穗上为害产卵，是防治成虫的有利时期。小麦扬花期是防治初孵若虫的有利时期，可用20%吡唑乳油2 000倍液，或4%阿维·啶虫3 000倍液，或10%吡虫啉可湿性粉剂10～20克/亩，兑水50千克喷雾。

9. 麦秆蝇

◆**害虫识别** 雄成虫体长3～3.5毫米，雌虫3.7～4.5毫米，体为浅黄绿色，复眼黑色，胸部背面具3条黑色或深褐色纵纹，中间一条纵纹前宽后窄，直连后缘棱状部的末端，两侧的纵纹仅为中纵纹的一半或一多半，末端具分叉。触角黄色，小腮须黑色，基部黄色。足黄绿色。后足腿节膨大。卵长1毫米，纺锤形，白色，表面具纵纹10条。末龄幼虫体长6～6.5毫米，黄绿色或淡黄绿色，呈蛆形。蛹属围蛹，雄体长4.3～4.7毫米，雌5～5.3毫米，蛹壳透明，可见复眼、胸、腹部等（见图78）。

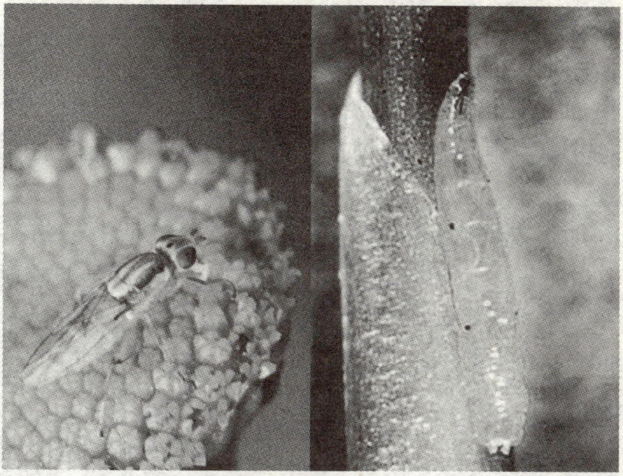

图 78　麦秆蝇成虫（左）、幼虫（右）

◆**为害症状**　以幼虫钻入小麦等寄主茎内蛀食为害，初孵幼虫从叶鞘或茎节间钻入麦茎（见图 79），或在幼嫩心叶及穗节基部 1/5～1/4 处呈螺旋状向下蛀食，形成枯心、白穗、烂穗，不能结实。

图 79　麦秆蝇为害小麦茎秆

◆**防治方法**

（1）因地制宜选用适合当地的耐虫或早熟品种。

（2）加强栽培管理，做到适期早播、合理密植。加强水肥管理，促进小麦生长整齐。加快小麦前期生长发育是控制该虫的根本措施。

（3）加强麦秆蝇预测预报，冬麦区在3月中下旬，春麦区在5月中旬开始查虫，每隔2～3天于10时前后在麦苗顶端扫网200次，当200网有虫2～3头时，约在15天后即为越冬代成虫羽化盛期，是第一次药剂防治适期。冬麦区平均百网有虫25头，即需防治。

（4）当麦秆蝇成虫已达防治指标，应马上喷洒2.5%溴氰菊酯或4.5%高效氯氰菊酯倍液喷雾与40%乐果1∶1混合液2 500～3 000倍液；如麦秆蝇已大量产卵，及时喷洒36%克螨蝇乳油1 000～1 500倍液，或10%吡虫啉可湿性粉剂1 000～1 500倍液、或1.8%阿维菌素乳油3 000～4 000倍液等药剂喷雾，把卵控制在孵化之前。

10. 瑞典麦秆蝇

◆**害虫识别** 成虫体长约1.8毫米，全体黑色有光，较粗壮。前胸背板黑色。触角黑色，吻端白色，翅透明。股节黑色，跗节棕黄色。卵白色长圆柱形，具明显纵沟及纵脊。末龄幼虫体长4.5毫米，前端较小，末节圆形，其末端具短小突起2个。初孵幼虫像水一样透明，成熟时变为圆柱形，蛆状，黄白色，口钩镰刀状。蛹长3毫米，棕褐色，圆柱形，前端生小突起4个，后端有2个（见图80）。

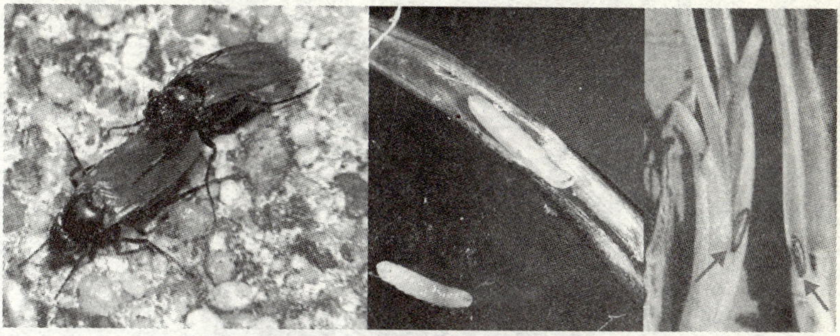

1　　2　　3

图 80　瑞典麦秆蝇

1—成虫　2—幼虫　3—蛹

◆为害症状　幼虫钻入心叶或幼穗中为害，受害部枯萎或造成枯心。在分蘖前受害较重。通常一代为害春小麦幼苗，二代为害燕麦穗，三代为害冬麦（见图 81、图 82）。

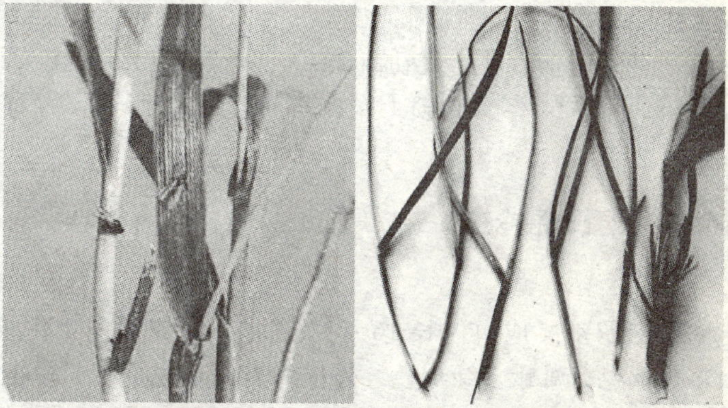

图 81　瑞典麦秆蝇为害造成麦苗枯心（左）和萎蔫（右）

◆防治方法

（1）农业措施。麦收后浅耕灭茬，使落粒入土发芽，诱使成蝇产卵，然后秋翻消灭越冬虫。

图 82　瑞典蝇为害造成白穗

（2）种子处理。用 70% 吡虫啉可湿性粉剂 30 克，兑水 700 毫升，拌种 10 千克。

（3）药剂防治。在小麦幼苗 2～3 片叶时成虫处于盛发期喷第 1 次药，间隔 6～7 天再喷 1 次，药剂选用参考麦秆蝇。

11. 麦田棉铃虫

◆害虫识别　成虫体长 16～17 毫米，前翅颜色变化较大，雌蛾多黄褐色，雄蛾多绿褐色，外横线有深灰色宽带，带上有 7 个小白点，肾形纹和环形纹暗褐色。卵半球形，初产时乳白色，直径 0.5～0.8 毫米。幼虫体长 40～45 毫米，头部黄褐色变化很大，大致可分为黄白色型、黄红色型、灰褐色型、土黄色型、淡红色型、绿色型、黑褐色型、咖啡色型、绿褐色型 9 种类型。蛹纺锤形，长 17～20 毫米，第 5～7 腹节前缘密布比体色略深的刻点，尾端有臀刺2枚（见图83）。

1　　2　　3

图83　棉铃虫

1—成虫　2—卵　3—幼虫

◆**为害症状**　越冬成虫发生期正是小麦抽穗期，雌虫产卵在麦穗上，幼虫孵化后钻入颖壳内吃内表皮和花器，很难发现。2~3龄以后，幼虫爬到麦穗表面，藏在小穗缝隙外，咬破颖壳，取食正在灌浆的麦粒，直到幼虫老熟，始终蛀食麦粒。

◆**防治方法**

（1）农业防治。小麦收获后，及时深翻耙地及实行冬灌，可大量消灭越冬蛹。

（2）物理防治。各代棉铃虫成虫发生期，在田间设置黑光灯，杨树枝把，可大量诱杀成虫。

（3）生物防治。在棉铃虫卵盛期，人工饲养释放赤眼蜂或草蛉。也可在卵盛期喷施每毫升含100亿个以上孢子的Bt乳剂100倍液，或喷施棉铃虫核多角体病毒（NPV）1 000倍液，或多杀菌素、甲氨基阿维菌素等。

（4）化学防治。可在幼虫3龄以前，用75%拉维因3 000倍液，每亩用35%硫丹乳油100～130毫升兑水喷雾，也可使用昆虫生长调节剂类药剂，如24%甲氧虫酰肼（美满）悬浮剂2 500倍液、20%虫酰肼（米满）悬浮剂1 500倍液、5%氟虫脲（卡死克）乳油1 000倍液、5%氟铃脲乳油1 000倍液、5%氟啶脲（抑太宝）乳油1 000倍液，虱螨脲（美除）等。

12. 蝼蛄

◆害虫识别 蝼蛄若虫和成虫相似。体长圆形，淡黄褐色或暗褐色，全身密被短小软毛。雌虫体长约3厘米，雄虫略小。头圆锥形，前尖后钝，头的大部分被前胸板盖住。触角丝状，长度可达前胸的后缘，第1节膨大，第2节以下较细。复眼一对，卵形，黄褐色；复眼内侧的后方有较明显的单眼3个。口器发达，咀嚼式。前胸背板坚硬膨大，呈卵形，背中央有1条下陷的纵沟，长约5毫米。翅2对，前翅革质，较短，黄褐色，仅达腹部中央，略呈三角形；后翅大，膜质透明，淡黄色，翅脉网状，静止时蜷缩折叠如尾状。足3对，前足特别发达，基节大，圆形，腿节强大而略扁，胫节扁阔而坚硬，尖端有锐利的扁齿4枚，上面2个齿较大，且可活动，因而形成开掘足，适于挖掘洞穴隧道用。后足腿节大，在胫节背侧内缘有数个能活动的刺，腹部纺锤形，背面棕褐色，腹面色较淡，呈黄褐色，末端2节的背面两侧有弯向内方的刚毛，最末节上生尾毛2根，伸出体外（见图84、图85）。卵椭圆形，长2～2.8毫米，初产时乳白色，后变黄褐色，孵化前为黑色。

◆为害症状 蝼蛄昼伏夜出，在土中咬食萌动的种子，或咬断幼苗的根茎。蝼蛄咬断处往往呈丝麻状，使幼苗萎蔫而死，造成缺苗断垄。有蝼蛄活动时，常可在地面见到穿成的隧道，使幼

图 84　东方蝼蛄

图 85　华北蝼蛄

苗和土壤分离，失水干枯而死。温暖湿润、多腐殖质、低洼盐碱地，施未腐熟粪肥的地块受蝼蛄危害重（见图 86）。

◆**防治方法**

（1）毒饵诱杀。5 千克麦麸炒香后加敌百虫热溶液 10 倍液拌匀，每亩施 5～8 千克。或用 50% 辛硫磷 30～50 倍液加炒香的麦麸、米糠或磨碎的豆饼、棉子饼 5 千克，每亩用毒饵 1.5～3 千克，傍晚时撒于田间。

（2）马粪诱杀。在田中均匀挖一些坑，使坑在田间交错排列。坑长 30～40 厘米，宽 20 厘米，深 6 厘米。将适量马粪放入坑内，与湿土拌匀摊平后，在上面撒一把毒饵，每亩用毒饵约 0.25 千克左右。

图 86　蝼蛄拱土串行造成死苗

（3）可使用黑光灯或其他光源进行诱捕后消灭。

13. 蛴螬

◆害虫识别　蛴螬为金龟子幼虫的统称。俗名地狗子、土蚕，是重要的地下害虫。在中国，为害农作物的蛴螬种类近百种，主要有大黑金龟子、暗黑金龟子、铜绿金龟子、大绿金龟子、阔胸金龟子、云斑金龟子、甘蔗金龟子等。蛴螬体肥大，体形弯曲呈 C 形，多为白色，少数为黄白色。头部褐色，上颚显著，腹部肿胀。体壁较柔软多皱，体表疏生细毛。头大而圆，多为黄褐色，生有左右对称的刚毛，刚毛数量的多少常为分种的特征。如华北大黑鳃金龟子的幼虫为 3 对，黄褐丽金龟子幼虫为 5 对。蛴螬具胸足 3 对，一般后足较长。腹部第 10 节称为臀节，臀节上生有刺毛，其数目的多少和排列方式也是分种的重要特征（见图87）。

图87　蛴螬

1—东北大黑鳃金龟子　2—东北大黑鳃金龟子幼虫

3—华北大黑鳃金龟子　4—华北大黑鳃金龟子幼虫

◆**为害症状**　蛴螬栖居土中，啃食萌发的种子，咬断幼苗的根、茎，断口整齐平截，可造成地上部萎蔫，田间缺苗断垄或毁种。有些种类成虫取食花器和叶片。害虫造成的伤口有利于病原菌侵入，诱发病害（见图 88）。

图 88　蛴螬为害造成幼苗萎蔫

◆**防治方法**

（1）农业防治。实行水、旱轮作；在玉米生长期间适时灌水；不施未腐熟的有机肥料；精耕细作，及时镇压土壤，清除田间杂草；大面积春、秋耕，并跟犁拾虫等。灾害严重的地区，秋冬翻地可把越冬幼虫翻到地表使其风干、冻死或被天敌捕食，机械杀伤，防效明显；同时，应防止使用未腐熟有机肥料，以防止招引成虫来产卵。

（2）物理方法。有条件地区，可设置黑光灯诱杀成虫，减少蛴螬的发生数量。

（3）生物防治。利用茶色食虫虻、金龟子黑土蜂、白僵菌等。

（4）药剂防治。

1）种子包衣。采用有效杀虫成分的种衣剂包衣。

2）土壤处理。用5%杀虫双颗粒剂1~1.5千克加细土15~25千克，或50%辛硫磷乳剂100毫升拌细炉渣15~25千克，在耕地前撒在地面，耙入地中，可杀死蛴螬和金针虫。

3）毒饵诱杀。每亩地用25%辛硫磷胶囊剂150~200克拌谷子等饵料5千克，或50%辛硫磷乳油50~100克拌饵料3~4千克，撒于种沟中，也可收到良好防治效果。

14. 金针虫

◆害虫识别

（1）沟金针虫。成虫体长14~18毫米，深褐色，密生黄色细毛。前胸背板呈半球形隆起。卵近椭圆形，乳白色。幼虫金黄色，扁平，体节宽大于长，尾节两侧隆起，有3对锯齿状突起，尾端分叉并向上弯曲。蛹纺锤形，19~22毫米，初淡绿色后渐变褐色。

（2）细胸金针虫。成虫体长8~9毫米，体细长，密生暗褐色短毛，圆筒形。卵圆形，乳白色。幼虫淡黄色，细长，各节长大于宽，尾节圆锥形，背面近前缘两侧各有1个褐色圆斑，末端中间有1个红褐色小突起。蛹长8~9毫米，初乳白色后渐变黄色。

（3）褐纹金针虫。成虫体长8~10毫米，宽约2.7毫米，黑褐色，生有灰色短毛。头部凸形，黑色，布粗点刻，触角、足暗褐色，前胸黑色，但点刻较头部小。唇基分裂。触角第2、3节略呈球形，第4节较第2、3节稍长，第4~10节锯齿状。前胸背板长明显大于宽，后角尖，向后突出。鞘翅狭长，自中部开始向端部逐渐缢尖，每侧具9行列点刻。卵长约0.6毫米，宽约0.4毫米，椭圆形。初产时乳白略黄。孵化前呈长椭圆形，长宽约3毫米×2毫米。老熟幼虫体长25～30毫米，宽约1.7毫米，细长圆筒形，茶褐色，有光泽。头扁平，梯形，上具纵沟，布小刻点；身体背面中央具细纵沟。自中胸至腹部第8节各节前缘两侧生有深褐色新月形斑纹。尾节扁平而长，尖端具3个小突起，中间的尖锐；尾节前缘也有2个新月形斑，斑后有4条纵线；后半部有皱纹，并密生粗大而深刻点。蛹体长9～12毫米，初蛹乳白色，后变黄色，羽化前棕黄色。前胸背板前缘两侧各斜竖1根尖刺。尾节末端具1根粗大臀棘，着生有斜伸的两对小刺（见图89）。

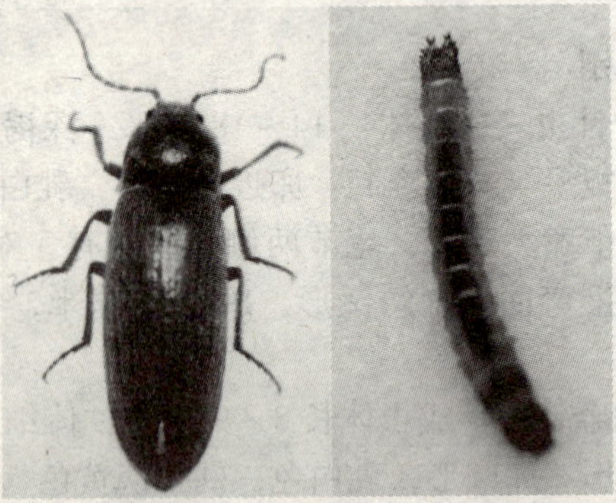

1

2

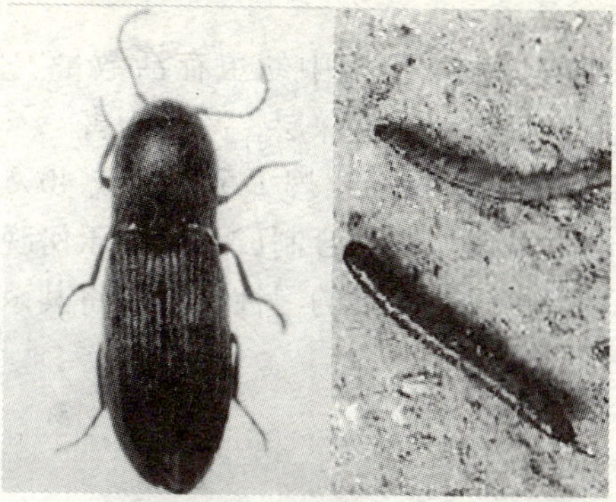

3

图 89　金针虫

1—沟金针虫成虫、幼虫　2—细胸金针虫成虫、幼虫　3—褐纹金针虫成虫、幼虫

◆**为害症状**　主要为害种子和幼芽，能咬断刚出土的幼苗也能钻入较大的小麦根茎部取食为害，造成死苗而缺苗断垄（见图 90）。

图 90　金针虫为害麦苗造成枯心

◆**防治方法**

（1）用 40% 毒死蜱（氯吡硫磷）100 倍液或防地下害虫种

衣剂进行拌种。

（2）耕翻土壤，减少土壤中幼虫存活数量。发生严重时可浇水迫使害虫垂直移动到土壤深层，减轻为害。

（3）苗期可用40%的毒死蜱1 500倍或40%的辛硫磷500倍与适量炒熟的麦麸或豆饼混合制成毒饵，于傍晚顺垄撒入小麦基部，利用地下害虫昼伏夜出的习性，即可将其杀死。